AQUARIUS

AQUARIUS

AQUARIUS

AQUARIUS

Vision

一些人物，
一些視野，
一些觀點，
與一個全新的遠景！

若你委屈自己，任誰都能刻薄你

小資世代突破
盲腸的30個
人生亮點

黃大米

【前言】佛系時代，信興趣得永生

「買房子喔？買不起啊！別想了。」

「生小孩呢？要再想想。我小的時候，爸媽帶我出國玩，吃遍美食大餐。我給不起小孩這樣的生活。看自己的小孩過不起好日子，我會很內疚。」

第一次聽到七、八年級生這樣的說法時，我內心是震驚的。對於要不要房子、孩子、車子，他們給我的答案都是「不是不要不想，是要不起，所以不敢想」。

因為負擔不起，所以不要，無能為力之下，萬般皆可拋——這情況也出現在大陸，他們稱為「佛系世代」、「佛系青年」，指的是無欲無求，隨遇而安。吃飯？有得吃就好了，吃什麼無所謂。穿衣服？有得穿就好了，好不好看、是不是名牌無所謂。買房？父母幫忙買最好，自己買不起也無所謂，不追求、不計較。低欲望到一如出家。

只要你還會「想要」，就是有夢的人

年輕人表面上看起來統統無所謂，但有趣的是，骨子裡面，他們對於在乎的東西會更積極、更投入，例如：學語言、打遊戲、出國玩、吃美食等等。他們是看破紅塵的佛系世代，卻對最在乎的事情特別偏執。我都笑他們是「信興趣得永生」，只要談到他們想要的事情，眼神會突然像漫畫主角一樣有五角光芒，雙手揮舞，熱血地說著：「對對對！這很重要，這太酷了。」

他們追求工作、生活平衡，六點準時打卡下班，人生從黑白變彩色，有人去學韓語，有的去練兵器，有的趕著去參加漫畫迷聚會。想做的事情，就算是熬夜或者把積蓄花光也可以。

我認為每個世代的人都有夢想，只要你還會「想要」，就是有夢的人。上一代的人追逐大成功、拚搏買房，不是這世代的孩子的夢，他們重新定義自己的成功，不用全民擁戴，只要自己或者一個小群體覺得厲害就夠了。

沒有誰的人生是完美無瑕的

在不同的專業領域，例如財經、地產、法律等等，有很厲害、很權威的專家，但在人生的課題上，無論是職場或情場，統統都沒有專家，兩性專家常被嘲笑後來都離婚，職場專家也會失業。沒有誰的人生是完美無瑕的。無論是多厲害的人，職場這條路，大家都走得起起伏伏，甚至是顛顛簸簸。情場也是如此，有時笑、有時哭得無限迴圈。沒有誰一生順遂，就算「你爸有錢」也不可能讓你高枕無憂。

我有個朋友家境非常富裕，法律系畢業後，先娶妻生子，人生進度超前。剛結婚的前兩年，他專心準備律師特考，這期間，他不愁吃不愁穿，身上扛著家裡超大的期待。「期待」兩個字代表「只許成功，不許失敗」，像是在玩丟骰子，你只能丟出滿分的六點，假如擲出一到五都是丟人，壓力破表。更慘的是，太太的家人對他沒有工作這事很不諒解，不斷地冷言冷語。一事無成千斤重，他百口莫辯，只能沉默。

有一天，他走入星巴克想買杯咖啡，店員隨口問一句：「先生，方便跟你要張名片

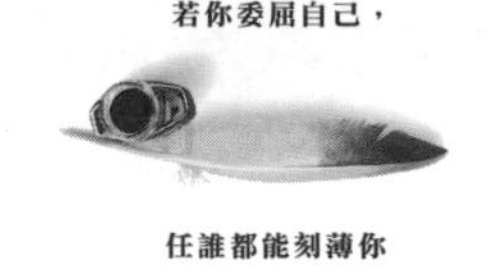

嗎？」名片?!他沒有工作，哪來的名片。他多想要有一張可以立足社會地位的名片啊！太刺、太痛了，他受傷又憤怒，見笑轉生氣地走出店門，迄今沒有再踏入住家巷口的星巴克。

講這個故事是想跟你說：人生不是有錢就沒煩惱，萬般皆得意，日日好順心。不是這樣的。沒有錢的人，煩惱的是錢；有錢的人煩惱的事，連錢都沒辦法解決。

心靈雞湯加苦口良藥，增生現實抗體

這本書分為三大主題，分別是「職場力」、「夢想力」與「感情力」，這是支撐我人生的三元素，一如陽光、空氣和水，缺一不可。

・職場力

在低薪、不景氣又低欲望的時代，同樣三十歲，有人月薪不到三萬，也有人月薪衝破十萬。差異點不見得是努力，我看到的年輕人都滿努力的。關鍵點往往是「選擇」，你會成為怎樣的人，走上哪條路，都是每一個小小選擇一環又一環扣出來的。要拿下高薪，在職場上該如何去要錢是很重要的關鍵，書裡將告訴你愛錢的人如何跟老闆死要錢、賺高薪及面試談判的武功祕笈。

・夢想力

「夢想」是我很在乎的篇章。在人的一生中，「夢想」兩個字將牽住你的靈魂，驅動你的身體走向企求的桃花源。以我個人來說，「夢想」是撐起我一個人隻身在台北發展的鷹架：在情緒上，忍受離鄉背井的孤單寂寞；在金錢上，付出高額的房租，吃難吃又貴的外食；在育樂上，看著在家鄉發展的同學連假時去外地旅遊，我卻忙著搶返鄉車票，回家不是玩樂，回家是想念，是身心安頓的放鬆。台北不是我的家，卻是我作夢的地方，即便曾經薪水稀少到像在做功德，也讓我甘之如飴，這就是夢想的魔力。

過去很少有勵志書跟你說圓夢後的真相是什麼。圓夢後，從來不是彩帶飛舞，從來不是世界就此一片光亮的，那叫做拍電影，叫做廣告，催淚感人，卻不是真的。夢想實現後是什麼樣子呢？你慢慢看這本書就會知道。那些別人沒告訴你的殘酷事實，我會一邊餵養你心靈雞湯，一邊讓你吞下真實世界的苦口良藥，兩樣一起搭配服用，適口性佳，也讓你產生抗體，擁有前進夢想與修正腳步的力量。

・感情力

感情的部分，身為一個情路坎坷，加上身邊有很多感情一言難盡的朋友，怎麼可能不談這段呢？不提情字這條路，不就白白吃苦了嗎？我們一定要苦中作樂，在每條艱困的石子路上，找到藏在裡面的寶石。這些寶石來自每次失戀大哭，徹夜聽著情歌，喝著啤酒卻無法把自己灌醉後的沉澱；又或是曖昧許久以為喜獲真愛，結果卻被耍了一場。在又窘又怒時，用揪心與磨心去琢磨出「了解自己要什麼」的硬道理，最後篩選出相處起來最舒服、最適合的人，就算不符合社會期待也可以，社會價值根本不用太鳥。

人生沒有標準答案（異常重要，請說四次）

無論你的夢想是什麼，只要是你的夢，就值得去追逐。我寫這本書，是把這輩子一路上遇到的珍禽異獸、獨特人種，從記憶的大包包裡面，一隻一隻地抓出來，寫下這些怪物是如何做選擇，讓人生綻放光芒。他們有的是很年輕就當上總經理，也有為愛不顧一切拋下主播位置的正妹，也有不到三十歲，薪水就衝破十萬的職場冒險王……我把這些動人的故事寫出來，用輕鬆中帶點幽默、嘲諷的筆法，去偷渡我藏在故事裡的大道理，希望這些故事提供你在面臨人生抉擇時，多點思考或者參考，而不是標準答案，不是標準答案，不是標準答案，人生沒有標準答案——因為很重要，所以要說四次。

書裡面的故事，八成以上都是真的，故事為了保護當事人以及相關人等做了局部修改，遊走虛實之間，情節曲折離奇也動人。上天是最好的編劇，非常感謝這些「肉身菩薩」的犧牲、奉獻，把自己的血淚經驗，透過我的文字拿出來曬一曬，讓更多人不用傻傻走歹路。說到這裡，我默默覺得，這根本就是一本善書、勸世良言，各大廟宇都應該放一本（誤）——縱然說這是誤，但如果廟方要助印或者團購，我還是願意幫你們談折扣，謝謝啊！貪財貪財！

在我動筆時，每隻有故事的怪獸都在我的大腦裡面拍動翅膀，大喊著：「寫我寫我寫我啊，你快點寫啊！」每每寫完一隻，我內心就鬆了一口氣。被寫完的珍禽就從我大腦飛走，給壓在文字的雷峰塔下，乖乖地睡在那裡，等待被印成書本，等待被看見，等待與你心靈交會。

若你委屈自己，任誰都能刻薄你

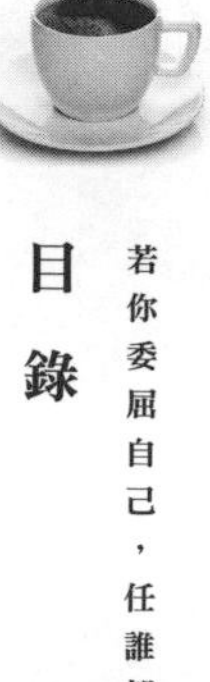

目錄

POINT 2
夢想力

POINT 3

感情力

職場力

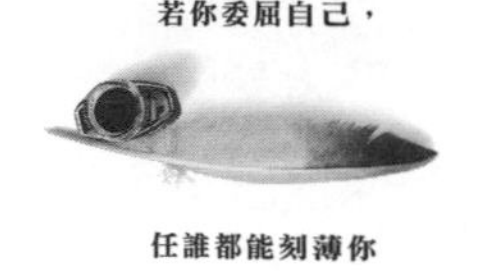

職場最強加薪術！善用兩大絕招，贏得老闆的錢包

你想要什麼，就得開口說出來，雖然講了不一定成，但不講就一定沒有。

「**有錢解千愁，沒錢萬事難**。」萱萱的年曆手冊，每一本的第一頁都寫著這句話。她愛錢的程度已經到了朋友皆知的地步，錢是她的百憂解，也是自信的來源。有一次，她邊看報紙邊搖頭碎念著：「怪了，報紙上寫著這個多金企業家因為在太太身上聞不到錢的味道，所以才愛上她。怎麼會聞不到錢的味道呢？錢很香耶！」

萱萱開口三句不離錢，連講的笑話也都跟錢有關。「有一個老先生到健身房，劈頭就詢問教練：『我要練哪一台機器，才會讓女人都喜歡我？』教練伸出手比向門口說：『外面的那台提款機！』」說完後，萱萱會如同師父開示一般，拈花微笑地說：「不是老男人受歡迎，是錢受歡迎。沒有錢，老男人也不會吃香。」

朋友們一致認為，她簡直可以創立一個「愛錢教」了。

別害羞，「見錢眼開」是人性

萱萱也是我看過最會要薪水的人，她最常說的話就是：「我很愛錢。」很多人一提到錢就好像講到什麼不光彩的事情似的，要不低語，要不在角落談論，能像萱萱這樣把「愛錢」講到猶如自己的姓氏的人，還真少見。她常常大笑說：「我是錢嫂耶！」

她老掛在嘴邊的口頭禪，每一句都很經典：

「哎呀，錢少了，上起班來沒勁啊！上次那份工作的薪水談低了，到了發新日刷本子，我好傷心，想說忍耐了一個月做牛做馬，還被老闆罵，才這樣一點遮羞費啊！」

「錢！錢！錢！有人嫌多嗎？白花花的鈔票，聞起來比名牌包還香。」

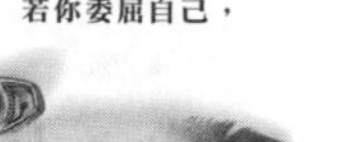

「我的業績達標了，該去找老闆談錢了吧！不去談是虧待自己，我連班都上不下去了。」

萱萱的職稱是「行銷總監」，負責公司的會員經營與行銷業務。她的老闆就像大部分的老闆一樣，都很有夢想與理想，常常隨口就訂出一個超高難度的績效目標來展現格局與眼界。例如：老闆要求在四個月內讓會員人數增加五萬人，行銷預算：零元。這項天神等級的要求，翻譯為地球話就是：「你領我的薪水，你得想辦法，不然就得滾。如果還要我給行銷預算你才能達標，那我幹麼請你？我找任何一個阿貓、阿狗都可以啊！」

在萱萱之前陣亡的阿貓、阿狗不計其數，漂亮的總監頭銜與破十萬的高薪常常詭異地虛位以待，夢幻的績效目標太難達到了，大家連椅子都還沒坐熱便丟出辭呈，跟有夢最美的老闆說再見。

征戰職場十多年的萱萱就任這份新職務時，內心也很抖，但一想到月收入可以堂堂衝破十萬大關，就有拚搏的勇氣。

「反正如果做不到績效，我也騙了幾個月的薪水，拿到漂亮的頭銜，怎樣想都不吃虧。」萱萱看事情，總能一秒分析出利弊得失，腦袋很清楚。

到職之後，她每天都抱著壓力和數字睡覺。在日夜拚命下，業績神奇地達標了！老闆很開心，買了杯咖啡請她喝，拍拍她的肩膀鼓勵說：「萱萱啊，你很厲害，能力超強，當初面試你的時候就覺得你很不一樣。」

和樂的氣氛最適合展現本性了，萱萱打蛇隨棍上地說：「哈哈哈，謝謝啦！報告老闆，我最愛錢了，什麼討拍啦、愛的鼓勵，我都不愛。哎喲！我最愛錢了。如果你用錢肯定我，我會表現得比現在更好喔！」

這麼直白的說法讓老闆呆了一秒，打哈哈地說好。但在呆掉的這一秒，他也了解到要討好這個績效天后，不用廢話，就是給錢。

談加薪，「績效至上」是重點

春夏秋冬，一年過去，高績效讓萱萱對薪水的期待更高了。她明白**機會不是用等的，機會要靠自己創造才會快。**「跟老闆要錢」這件事，她熟練到手起刀落眼不眨，明快到像在道個早安，不久之前才聽她說想要談加薪，沒過幾天，聊天的話題就轉為「我去找老闆談完了」。

「這麼快？結果怎麼樣？你是怎麼跟老闆講的啊？」

萱萱哼笑了一聲，我曉得她成功了。接著，她告訴我行走江湖的兩大絕招。

‧「加薪術」第一絕：整理過去的戰績，最多兩張A４紙

「我整理出一份資料，裡面寫明了這一年來，我替公司達標的案子、會員人數與業績的成長數字等。」

戰士上場，盔甲、刀劍俱全，萱萱把數字當勳章寫在兩張A４紙上，白紙黑字，清楚明晰。

我翻翻她那兩頁「討薪水」戰績表，問她：「為什麼你不多寫幾張？」

她喝了口咖啡，以一種老鳥開示的姿態俐落地說：「寫很多張？你當老闆有美國時間看這些資料和聽你報告嗎？兩頁A４紙已經是極限了。」

果然江湖在走，人性要懂。

‧「加薪術」第二絕：許老闆一個有具體績效的未來

除了拿戰功來換錢之外，萱萱的第二個大絕招是：許諾老闆，她未來的專案會提升多少績效。

「白髮宮女話當年是沒有人想聽的。不管過去的績效再輝煌，都過去了。**老闆對員工**

表現的記憶力比魚腦的七秒還要短。想跟老闆要錢，就得對他承諾未來。你這匹耐操的驢配得起他多給的紅蘿蔔，他才會願意付出更多來養你。」

後來，萱萱成功地加薪一萬元。她慶祝旗開得勝，跑去買了七萬元的名錶犒賞自己。靠自己的女人最有魄力，血拼時不用看別人的臉色，人生好痛快。

工作，不就是要賺錢？

「溫、良、恭、儉、讓」的確是美德，但是用在職場上，有這些美德的人常常會被別人踩過去，成為很好的墊腳石，只剩下在午夜夢迴時，對自己又氣又嘔。

在職場上，你想要什麼東西卻不開口，狂演內心戲，只是徒增溝通成本。

至於怎麼講才能把自己的需求漂亮地表達出來，建議你可以找好朋友彩排一下。無論是演技多厲害的演員，在正式錄影前也會彩排幾次，還不見得可以一次OK，更何況是凡夫俗子如你我。**若想在談加薪時言詞順暢、條理分明，甚至唱作俱佳，多彩排準沒錯。**

「談錢＝骯髒＝現實＝不乖」，這個觀念是很多人不敢去要錢的主因。其實勇敢地為自己談加薪，真的不會讓你黑掉。在職場上，無利用價值的人才會變黑，躲在角落玩沙的

往往是乖乖牌，臉皮厚的同事可以玩到溜滑梯、盪鞦韆。敢爭、敢搶的人，玩得愉快又盡興。**世界是給膽子大的人玩的。**

大家工作就是為了賺錢，沒錢的工作叫做「志工」或「義工」，所以談錢與明確表達愛錢是合情合理的。你想要什麼，就得開口說出來，雖然講了不一定成，但不講就一定沒有。

從今天起，大聲對朋友、同事和老闆說：「我愛錢！」甚至老實地昭告天下：「我比別人更愛錢。」你才更有機會變有錢。

萱萱曾經問我說：「你知道什麼樣的小孩最可愛嗎？」我搖搖頭，一臉不解。她眼中閃耀光芒，俏皮地說：「印在鈔票上，那四個看地球儀的孩子最可愛。」

白髮宮女話當年是沒有人想聽的。不管過去的績效再輝煌，都過去了。老闆對員工表現的記憶力比魚腦的七秒還要短。想跟老闆要錢，就得對他承諾未來。你這匹耐操的驢配得起他多給的紅蘿蔔，他才會願意付出更多來養你。

愛錢在心口難開，你只會永遠當窮鬼

期待主管能心電感應知道你在想什麼，這難度也未免太高了。

「老闆，再來一盤海瓜子，還有炒地瓜葉。」

熱炒店是個讓人放鬆的地方，小恬和我相約在此。好姊妹很久沒見面了，她卻一副悶悶不樂的樣子。

菜還沒點好呢，小恬剛坐下來便向我訴苦。「我最近才聽同事們說，跟我同期進公司的肥仔城從上個月開始加薪五千。」

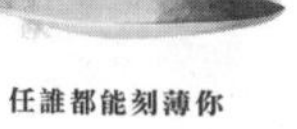

加薪這麼私密的事情，怎麼會搞到大家都知道呢？

原來人總是愛炫耀的，自己的身價提升了，難免會找親近的好友說說嘴。薪水這件事是大家聽進耳裡，感受放在心裡，覺得不平衡的人就會傳出去，一傳十，十傳百……最後，成了同事們之間公開的祕密。

知道肥仔城加薪後，小恬感到很不平。「我們兩人明明資歷相當，憑什麼調薪沒有我的份？」

聽她這麼抱怨，我反問：「你有跟主管講嗎？」

她嘟起嘴，沒好氣地說：「我不敢。這種事可以主動去說嗎？主管不是應該看到我表現好，就主動幫我調薪水嗎？自己去要錢，感覺很厚臉皮。」

小恬真是職場童話看太多。哪個主管會每天想著要不要幫屬下調薪呢？也許真有這麼體貼又大方的主管，但我沒遇過就是了。

「為什麼肥仔城可以加薪？」我問。

小恬忿忿不平地說：「他就是很會吵啊！聽說他告訴我們主管說房租漲了，在台北很難過日子。如果不加薪，他就要跳槽。」語氣帶著滿滿的不屑。

「薪水」領得多或少，
不是在比誰為公司付出了多或少，
而是「會吵的孩子有糖吃」。
要是連你都願意委屈自己了，
別人當然也更敢對你刻薄。

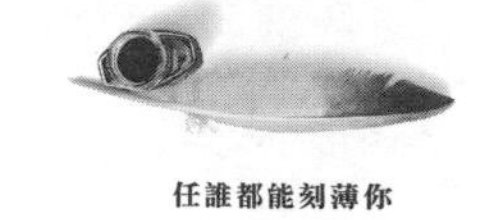

職場上，不是乖乖等待就有糖吃

工作就是要賺錢，不是做身體健康的。雖然人人都明白這個道理，可是等到要跟老闆談加薪時，往往會變得膽怯。

怎樣的人在薪水上最容易被虧待呢？從小很乖巧、認真又負責的孩子，容易成為職場怨念最深的人。小時候，常聽大人說：「不能向別人討東西。」「我說好，你才可以拿。」「你乖一點，我就會給你糖果吃。」這樣的人在長大後，也毫不懷疑地把「乖乖等待就有糖吃」這一套童年經驗，拿來當作職場的遊戲規則，等待被獎賞，等待被給予，等待被加薪，等待順順利利地晉升主管……

可惜的是，這種「夢幻職場」不存在。

以肥仔城調薪的事情來說，無論他是否拿「房租調漲」為理由向主管要求加薪，這薪水都是他自己要來的。**他賭了一把，而且結果他得到了。**

小恬卻只敢默默演內心戲，開不了口。期待主管能心電感應知道自己在想什麼，難度也未免太高了。

看著她一臉沮喪的樣子，我不由得回想起自己以前也有過類似經驗……

我剛踏入職場還是個菜鳥時，也曾接受過震撼教育。阿元和我同時期進電視台，都領三萬二的薪水。半年後，他說想去找台長談加薪，我嚇到了，心想：可以這樣做嗎？他好勇敢，我可不敢。

阿元沒想太多，唯一的準備就是要我拿一個加菲貓娃娃扮演台長，那天下班後，我們找了一間沒人的辦公室，兩人演練著要求加薪的攻防。

阿元說：「台長，我來這邊半年了。」

我舞動著加菲貓的雙手，裝作台長問：「嗯。怎麼樣呢？」

阿元說：「台長，我好窮喔！薪水都不夠用，快沒錢吃飯了！」

我這個加菲貓偽台長感到震驚，退後三步說：「我這邊有一百塊，給你買便當……」

沒想到這樣笑鬧著演到一半時，台長真的走進來了！見我操弄著加菲貓布偶，她甜美地笑著問：「你們在幹麼？」

阿元見機不可失，擇日不如撞日，立刻對台長說：「台長，我有點事情想跟你談，好嗎？」

我愣愣地看著他走入台長辦公室。後來，他調薪了三千元。

而工作比他更賣力，更聽話的我呢？我一直在等待，等台長良心發現，主動幫我加

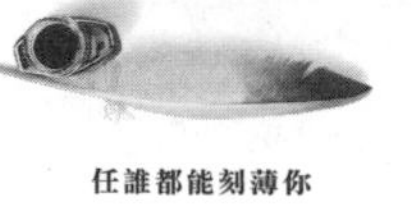

薪……然而，一季盼過一季，直到我跳槽前，這件事都只停留在想像裡。

我這才明白「薪水」領得多或少，不是在比誰為公司付出了多或少，而是「會吵的孩子有糖吃」。況且，要是連你都願意委屈自己了，別人當然也更敢對你刻薄。

要權益，只有你才能幫自己爭取

如今我自己身為主管，老實說，大部分的時候在思考的是：業績做不起來，該怎麼辦？下次開會，我會不會被「釘」？那個就算觀世音菩薩下凡來做，都不會成功的專案能不能取消，不要執行了？……

沒錯！我只想到我自己。光是煩惱自己的前途，以及如何與上頭的大主管應對，就夠我煩心了。午夜夢迴時，就算想到「薪水」兩個字，想的也是我自己的薪水，絕對不會是屬下的薪水。

因此，假如你不開口為自己爭取，加薪這件事很難順利輪到你。

「愛錢在心口難開症」，在職場上比感冒還流行。**若想要薪水高一點，第一步請先改變你的大腦想法，勇敢地開口說：「對，我就是愛錢，我要錢！」**

所有同事都討厭她，為什麼主管卻特別愛她？

職場上升遷，不見得是按照先來後到的順序，而可能是「誰最具資格」。

「你說說看，我是不是全台灣最年輕就當上主播的人？」

小綠以上揚的語調甜甜地問我。才二十五歲的她剛當上假日兼任主播，平日跑新聞，可是到了假日，眾家記者稱羨的主播位置就換她坐。我被她驕傲的神情與直白的問題震懾住，接不了話。

說來也難怪她驕傲，她可是在學生時代就出了名的校園美女。套句她常說的話：「我

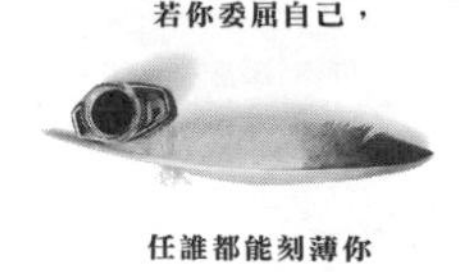

不覺得我是幸運耶，是剛好而已。」對啊，中了基因樂透當然也是一種能力，而且別人還學不來。

小綠有外表，同時也有腦，她不但文稿寫得好，對於資源與人脈的事情看得更是透徹。舉例來說，記者出國採訪機會的分配，往往都是按照各自所跑的路線來劃分，同公司的記者們也都依循著這項遊戲規則與江湖道義。但小綠可沒在管這些，有的企業搞不清楚記者有分線，詢問她能否出國採訪時，她總會笑臉盈盈地說：「哎呀！這次的出差交給我來回報給公司，一定沒問題。我這麼幫你，你不能再找我們公司的其他記者喔，不然我會很失望的。」

然而，把消息回報給公司時，她的說法是：「那家企業和我很熟，所以才給我獨家。假如不是我去，他們就不邀請我們這家媒體，要把獨家給別人了。」

就這樣，許多遠赴英國、法國、瑞士甚至丹麥的出差，都是小綠去的。

至於採訪的成品如何？坦白講，做得還真好。**主管一向是「以成敗論英雄」**，既然收視率好，那麼就讓小綠多出去表現表現，總比交給不靠譜的菜鳥安心。

在利多於弊之下，小綠藉工作之名周遊列國，護照裡的章蓋得滿滿的，臉書的打卡地點也閃閃發光。

不過，小綠的言行引起了同事們議論紛紛。大家下班後去聚餐時，主題就是痛罵：「那個女人踩線踩得好過分，猛搶好康和爽差！」

眾人的反感，小綠看不到；同台女記者與女主播刻意的閒言閒語，她也充耳不聞。因為她面前的目標很清楚，只有兩個：一個是當主播；另一個則是在當上主播前，運用採訪的機會盡情地環遊世界。

三種視角，看清職場的遊戲規則

憑著出色的才華與明確又堅定的意志，小綠在這家電視台當記者還不到半年，竟然以菜鳥之姿堂堂登上了主播位置，儘管只是兼任的假日播報，卻超越了大半的老鳥。為什麼像她這麼顧人怨的人，卻可以順利拿到主播的寶座呢？

以下就從小綠本人、她的主管與同事等三個視角來分析，讓你看清楚職場的遊戲規則是如何運作的。

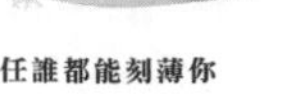

．小綠的視角：為達事業目標，可以不擇手段

「我從大學時期就決定要當新聞主播了，不然幹麼放棄展場show girl的高薪，跑到電視台當工讀生賺少少的一百多元時薪，就是為了建立人脈啊！」

小綠心裡清楚得很，主播是賺青春財。當然也有人播報了一輩子，但她不見得是那個幸運的人，她認為必須趁年輕時快點拿到位置。

「我跳槽的時候就跟面試的主管說要當兼任主播，不然我就不來上班。」

的確，在職場上談條件，從面試的時候就要開始。

「如果你早已有了想要爭取的目標，可不是等錄取後才來苦熬的。那樣雖然也能拿到，但要花太久、太久的時間囉！若有電梯可以搭，幹麼要爬樓梯？至於出國採訪的事情，是主管要讓我去的。不開心的話，就去跟主管說啊！就算在背後講我閒話，也不能阻止我出國採訪。」

小綠在事業上的目的性很明確。沒錯，**她是有點不擇手段，但那是因為她很清楚自己要什麼。**

‧主管的視角：不看老鳥或菜鳥，只看實力

「小綠雖然還是菜鳥，但她很有企圖心。記得當初她來面試的時候就說薪水好談，唯一的條件是她要當主播。在台前播報新聞，只要漂亮、上鏡頭，就有一半過關了。再加上她的口條好、反應佳，我還真看不出她有哪裡不適合。」

‧面試時，小綠並未漫天開價地談加薪，只表示要有個播報新聞的機會，而這也算合理的要求。**薪資往往才是公司最在乎的成本。**

「給新人一個機會播報，一方面不會增加成本，另一方面，要是報得不好再把她換下來，對公司來說也沒什麼損失。而假如她播報得好，我們就賺到一個潛力股主播了。」

遇到有企圖心，腦袋又清楚的求職者，不管是哪個主管都會錄用吧！至於愛踩同事的線、大家都討厭她這部分，主管不一定會在意。

「拜託，我們又不是在選孝行楷模或好人好事代表，還得經過道德檢測嗎？一個記者出國採訪所做的新聞都很好看，有實力，就夠了。不給這種有實力的去，難道就為了謹守分線原則，而派給一個只會讓我擔心的人嗎？要是這種重要的出國採訪多出包幾次，我自己的位置就不保了。」

主管看的是績效與能力。不管黑貓或白貓，要能抓老鼠的才是好貓啊！

・同事的視角：一切要依先來後到的順序

「我們真的都很討厭小綠，因為我們排隊等著上台前播報等很久了，每天這麼認真地跑新聞，卻始終得不到機會。她憑什麼才來沒多久就能接主播的位置。漂亮就可以當主播嗎？那新聞的專業在哪？她懂立法院生態嗎？她懂財經嗎？什麼都不懂，只會狂踩線，爭取出差機會。我們都很不屑她，無奈主管就是愛這種狗腿人。在我們心中，主播的地位是很高的，要有專業能力，否則只能算是花瓶主播。」

平常買東西看到有人插隊，會引發眾怒並喝止。小綠翩然飛上枝頭當鳳凰，就像是那個插隊的人，乖乖排隊的同事們一定都覺得不公平。

可惜的是，職場上升遷，不見得是按照號碼牌的順序。

「公平」二字，在同事之間的定義是「長幼有序」，但在主管心中，可能是「誰最具資格」。

大聲說出你想要的，才對得起自己

這三種視角截然不同，真要說誰有錯，實在很難。

以小綠與同事之間視角的差異來看，除了對於「踩線」一事的愛恨情仇之外，核心的部分是關於「主播」職務的定義，雙方的認知有很大落差。小綠認為主播工作是青春財，夠年輕才夠吸睛，所以這份職務對她來說確實是花瓶。但是，對於認真跑新聞的同事們來說，主播有其專業性與權威性，並非花瓶，而是新聞的「桂冠」，必須有實力的人才能摘下。

事實上，這兩種類型的主播都存在，由於屬性不同，因此職業壽命、薪水，以及社會公信力也大大不同。小綠可能早早就達到了目標，接著便閃電轉業或者結婚去；而認真跑新聞的記者如果上了播報台，也許就能成為重量級的主播，雖然卡位卡得慢，卻可以一直播報到四、五十歲。

很多人都說進入職場後，真正要圓夢很難，這倒不見得。以小綠而言，她的願景就是當主播，所以學生時代薪水高的展場show girl工作，比不上建立人脈基礎重要。每一場面試都推動她更接近自己的夢想一點點，同時，她誠實地人聲說出了她想要的，非常對得起自己。

條條大路通羅馬，至於是直線抵達或是繞了很遠的路才到，最大的差異點，恐怕是你對未來的職場願景有沒有一步一步地規劃好策略。

為什麼能力好的老鳥，升遷卻常被跳過？

如果你只是以同一套方法用十年，十年只如一年，取代性很高。

晚上七點半，川菜館內人聲鼎沸，小夢和小雯一下班便趕來跟我們吃飯。她們兩人在同一家公司工作，剛出社會沒幾年，上班對她們來說像是新大陸，只要遇到了什麼光怪陸離的事情，談論起來就難掩興奮。

「你們說猛不猛，我們部門的主管要離職了，公司居然決定讓一個才來半年的新人小呆升上來。那些資深的同事們簡直氣歪了，揚言要抵制她，讓她做不下去。其中原本升官呼聲最高的阿美姊還直接跑去找主管嗆聲，問主管為什麼不是升她。」小夢才剛坐定便迫不及待地爆起公司最近的熱門八卦，先把話說過癮，讓情緒跑出來透透氣，吃倒不是重點。

小雯接著補充說：「阿美姊去談判那天，臉超臭的。她進公司五年了，當副組長這三年來，組長的位置空出來兩次都不給她。你們說妙不妙？」

她吃了口宮保雞丁，即使被辣椒嗆到了也停不下嘴，喝了口茶就繼續說：「反正每次都不是阿美姊升上去。上一回，老總跑去挖角對手公司的主管來補位。這次的場面更難看了，居然把位置給菜鳥，她就轟地爆炸了，跑去找大主管大吼說：『這太不公平了！如果真的讓小呆升官，我就要離職！』」

小雯動作誇張地把雙手張得好開，彷彿只有這樣才能具體描述出「爆炸」的威力。

我搖搖頭，心想這兩個人聊起阿美姊的背後話這麼開心，想必她們內心對這位資深的前輩也有什麼不滿吧！

「你們喜歡那位阿美姊嗎？」

一聽我這麼問，小雯和小夢立刻默契極佳地異口同聲說出：「討厭死了！」

原來，**阿美姊雖然自己的能力不錯，但是遇到別人向她請教事情時，回應的方式卻極為令人厭煩，而且她根本是故意讓人討厭她的。**

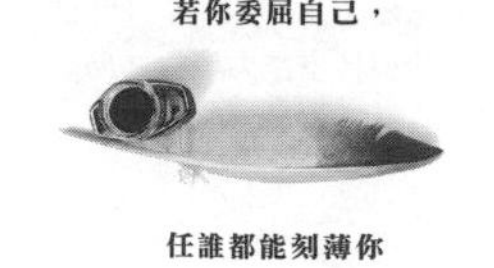

例如：她常開啟「你很蠢」的回答模式。「怎樣啦！那不是說過了嗎？嘖，都來這麼久了，相同的事情到底要我說幾次？」不耐煩的口氣加斜眼看著你，毫不掩飾「你很白目，怎麼會來打擾我」的反應。

脾氣差外加臉臭是阿美姊的特色，即使對大主管，她的態度也始終如一。這一招的確讓她少了很多麻煩事上身，畢竟誰都不想看臭臉，不過，卻也令同事們很感冒。

另外一點，則是基於專業度的考量。公司近來積極發展電子商務，阿美姊的專業並不在這個領域，而新人小呆在知名的電商網站公司工作過，很懂得透過網路影片引導消費者購買商品的技巧，大主管當初錄取時就很看重她這一點。

此外，儘管小呆進公司才半年，但她的工作態度積極又認真。相比之下，阿美姊雖然已經是有五年資歷的老鳥了，專業能力卻始終在原地踏步，看不出她有想積極地讓自己進步的表現，她的工作態度也令人搖頭。

公司有三大考量：態度、能力與發展

資深員工很容易成為公司裡怨念最深的一群，常常在下班後群聚吃飯，抱怨自己對公司不離不棄，卻被當成「北七」。

事實上，在升遷與加薪的事情上，公司方面大致會有以下三個考量：

一、工作態度：主管會考量對公司運作的整體影響

許多老鳥仗著自己能力好或自認夠資深，而出現傲慢的態度，甚至對老闆也不客氣。要知道，老闆忍耐你是因為你還有用處，但不代表他願意受氣，看你的臉色。以阿美姊來說，像小雯和小夢這等菜鳥都因為不想看她的臭臉而退避三舍，想必大主管更反感。

主管的考量除了出於個人好惡，更重要的是要顧慮對公司運作的整體影響。萬一阿美姊當上了組長，會經常與高層主管們開會。面對愛擺臭臉的她，大主管的尊嚴要往哪裡擺？此外，萬一需要進行跨部門的專案合作，以阿美姊的人格特質，恐怕會引發其他部門不滿，甚至直接加以行政杯葛。或許，這些也是阿美姊始終無法升職的原因。

二、專業能力：空出來的位置，需要的是能立刻補上的人

能力與資歷不見得有絕對關係，不然就不會有「後生可畏」這句話了。空出來的位置

需要的是能立刻補上的人，這是多數公司老闆在挑選人才時的想法。

有企圖心的上班族該常常思考：「我和我的主管在專業能力上還有多少落差？」「我該多學些什麼？或者進修什麼？」抱持著這樣的心態，補位的機會自然就大。

三、公司發展：全新的領域，新人可能比老臣更適合

一家公司在面對大環境的挑戰時，會考慮轉型、發展新的事業體等，在這種情況下，不見得會派任身邊資深的員工擔任領導。

跟隨在身旁的忠心老臣雖然是可信任的心腹，但既然是新事業體，很多時候是全新領域，老臣的專業與長才不見得適合。如果領頭羊自己都很迷惘，要如何率領新團隊走對路？整個團隊「迷路」的機率大增。相反地，在全新的領域，市場上總有些做得還不錯的人才，直接高薪挖角熟手來帶領，會更快讓新事業體站穩。

例如：曾經有家報社想買電視台，競標之前，董事長就先去挖角電視台的高階主管，因為光寫企劃就需要懂這個領域的人才，與這個領域的人溝通。不同產業溝通的專業語言，差異頗大。

一個產業認為急迫且重要的事情，在另外一個產業看來可能毫無意義，從事不同產業

猶如住在不同時區，有自己的語言與生存節奏。

高薪挖角關鍵人才，減少耗損，對企業而言反而是節省成本與降低風險，即使是高薪聘請也花得值得。相反地，如果直接派任身邊的老臣，看似便宜，卻可能使資金血本無歸，將風險拉高。

至於年資，有句話說得很中肯：「**年資的價值，上個月用薪水結給你了。**」以在同一家公司待了十年為例，如果你只是以同一套方法用十年，那麼十年只如一年，取代性很高。

就像倉庫每年都要盤點，在職場上當然也需要定期省視自己的能力。一年又一年地過去了，除了年紀和工作年資增加之外，你還為自己提升了什麼？你每年增加了多少相關的專業技能？

假如年資愈資深，卻愈玩不出新花樣，那是你變得愈來愈依賴公司，而公司也就愈來愈能吃定你。只有自己在扎實的基礎上仍然求新、求變，才可以讓公司少不了你，你也才能夠擁有「此處不留爺，自有留爺處」的本事與灑脫。

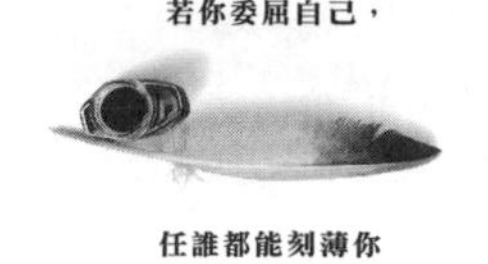

你的競爭力，不該是物美價廉

比起薪水低廉，用到有戰鬥力與貢獻度的人，才是每個主管的夢想。

身為主管，常常需要面試求職者。有一次，我的部門需要一名設計人員，在收到的眾多履歷表之中，有這樣一份資歷：**工作年資九年，過去都擔任設計相關工作**。看到這份履歷的時候，我心想這位應徵者有這麼久的相關專業經驗，我大概有七、八成的機率會錄取她吧。但是真正與她進行面試之後，用她的機率直接降到零。

面試時，到底發生了什麼事？

徵人時，主管可能有的兩大疑慮

·原因一：她的薪水要求開得太低了

薪水開得低，不好嗎？資歷完備，要價便宜，這不是每家公司都求之不得的事情嗎？

當然不是！

舉個例子：你今天想要買一罐可樂，可以接受的價格大概是十八元到三十五元之間。如果有某家的可樂只賣給你三元，你反倒買不下去，內心雖然會想貪圖便宜，但更怕喝到過期的產品，因為喝到壞東西可能會生病、得看醫師，甚至好幾天無法上班，不但沒占到便宜且還虧大了，因此，你會猶豫再三。

相同地，請了不適合的人進公司，可能會出現專業技能不足、品性不佳或溝通能力差等問題，不僅沒請到幫手，還招來了豬一樣的隊友。光是訓練新人所要耗費的心力都會讓主管嘆氣說：「不如我自己來。」

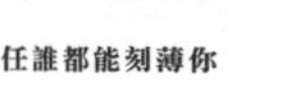

・原因二：她在先前的每一家公司都待了很久，卻都沒有加薪

年資深但薪水要求低，這會讓我很猶豫，因為透露著她可能表現不夠優秀，導致薪資漲幅停滯。

在當前冷清的景氣下，有些公司確實是長期凍薪，導致員工的薪資偏低。但是對於表現佳的人才來說，凍薪只會刺激人才出走，不會因此凍住雙腳。照理說，假使員工表現不錯，不僅自己知道，公司也很清楚，若公司長期不幫他加薪水，他自己也會去爭取；爭取不到，就可能會考慮揮揮衣袖走人，畢竟上班是要賺錢過生活，不是為了交朋友。

所以在職場中，只有剛畢業的新鮮人可以把便宜當競爭力。對於老鳥來說，便宜絕對不是優勢。

一個只強調便宜的商品，客人往往也只會想用更低的價格購買。況且，就算求職者以低薪資成功搶到了位置，遇到的老闆往往是貪便宜，不重人才的。自己已經降價求售了，卻還不被當人才看，在日日是委屈的感受下，這份工作絕對做不久，每天上班數小時，每一分、每一秒都在磨心。

拿出專業的自信談薪水

當你擁有一定的年資後，薪水不應該是一件「依照公司規定」的事情，因為你有能力與專業，公司需求的也是這種能用、可用，甚至是好用的人才。既然公司主要考量的是找來的人是否適任，能不能創造更大的績效，如此一來，只要你自己的專業性足夠，薪水當然是可以談的，甚至不僅能談，還可以談得很漂亮。

我聽過一個朋友的例子，她擔任公關經理許多年，在那個產業領域中，她幾乎穩坐公關操作績效第一名。後來，有對手公司向她挖角，開出了兩倍高的薪水。光是這樣已經很令人羨慕了，但她要的不僅是高薪而已，當雙方條件談得差不多時，她跟對方說她是個很重視家庭的人，放假都在陪小孩，在原本的公司有十五天的年假，希望新公司也能給一樣的年假。

聽到這個條件時，我很驚嚇，忍不住問她：「你不怕新東家不高興嗎？」

她自信地表示：「他們之前一定評估過很多人，貨比三家，最後選擇我，可見這家公司很需要我的能力。」接著說：「雖然我占有優勢，但如果我一開始就談年假，可能有點風險。等談到最後再提出這個要求，對方已經投入了不少挖角溝通的成本，比較不會輕易放棄，我選擇在這時候提出來，也是用過心思的。」

我大為驚嘆，也佩服她的職場談判能力。**愈是專業或難以覓才的管理職缺，任何一家公司都會願意花愈高的薪水去聘雇，因為這樣的人才，在求職市場上是可遇不可求的。**如果稍微在薪資待遇上讓求職者猶豫或覺得委屈，良禽立刻擇木而棲，毫不客氣地轉身到另外一家公司上班，到時候要良禽回頭或者再尋覓到另外一隻良禽，還得再花上不少工夫與時間，而這些尋覓的成本，對公司來說都不樂見。

那次應徵設計人員，最後我用了薪資開得最高的人，因為她具備我要的能力，不用再訓練，直接便能上手，並且有能力承擔最急迫的一項任務。

用到戰鬥力強與貢獻度佳的人，才是每個主管的夢想，因為主管所承擔的責任有人幫忙扛，可以減壓，勞務上也輕省不少，這樣才是超划算的。

別再以低薪搶職缺了。面試時，拿出你過去的戰功，只要夠彪炳到讓人眼睛一亮，就能脫穎而出，搶下職務，薪水也能順心順意。

> 就算你以低薪成功搶到了位置，遇到的往往卻是貪便宜，不重人才的老闆。

月薪二十萬的總經理幫忙打雜？不為老闆，是為了自己

把每一件不重要的小事都做好，可以逐漸累積出你對公司的重要性。

老朋友阿澄的年紀五十歲出頭，在一家規模很大的進口家具公司當總經理，月薪破二十萬元。儘管平常很忙，不過遇上朋友們聚餐，通常他無論如何都會抽空參加，這一回，大家飯已經吃一半了，他卻還沒出現。

我打電話給他，問：「你人在哪兒？會不會來啊？」

阿澄說：「我在忙。」

我繼續追問：「忙什麼？」

他沒好氣地回：「我在養魚啦！」

養魚?!我太吃驚了，忍不住虧起他來。「養魚？養什麼魚？是杯底不可養金魚的那種金魚嗎？你轉業啦？」

他急著收線，只說等等再跟我們大家講。

終於等到阿澄來了，他才剛坐下就開始大吐苦水。原來是他的老闆出國去了，但家裡養的珍貴魚種需要人照顧，老闆不放心把上億豪宅的鑰匙交給外人，便要阿澄每天去幫忙餵魚。一群朋友覺得太荒唐了，紛紛虧他是「薪水最貴的漁夫」、「養魚界的總經理」。

他又悶又氣地說：「我真不懂，幹麼叫我去啊？煩死了，公司的事情都做不完了，還得每天開車從內湖到新店的山上去養魚。」

大家繼續胡鬧著讚嘆他非常多才多藝。他接著說：「悶歸悶、氣歸氣，這條魚我養了四天了，養著養著，我都快養出感情了，就幫牠取名叫做『海龍王』，代表牠是很嬌貴的。」

此話一出，掌聲四起，猶如演唱會的安可曲替全場帶來高潮，同學紛紛拍手說：「你簡直是把魚當兒子養，是用感情跟生命在養魚啊！董事長把魚交給你真是太對了！」

看到阿澄這麼氣，我忍不住分享起自己的故事。

「你不要認為養魚是做雜事，很委屈，以前我可是靠著肯打雜，打敗了台大與留美、留英的高材生呢！」

要把雜事做好，也是有學問的

當時我大學還沒畢業，就急著想進媒體工作，四處應徵，剛好宜蘭的電視台缺主持人，找我去面試。那個節目是現場播出的，面試考題是「對著鏡頭一直說話不能停」。這可難不倒我，我從小的外號就是「哈拉王」，對我來說，一直講話比喝水還簡單。聽我講著講著，面試的總監忍不住稱讚：「你真的很能講。」

眼看錄取的門票就要到手了，總監突然淡淡地說：「除了當主持人，由於我們很缺人手，有客人來時，你可以幫忙倒茶水嗎？」

我用力點頭說：「可以啊！你用主持人的薪水請我來幫忙倒茶水，我覺得自己很賺啊！」

總監笑了起來，就這樣，我被錄取了。

等我進公司後過了一段時間，總監才告訴我，當時要爭取我這份工作的除了台大畢業生，還有從國外留學回來的本科系高材生。但是，其他人一聽要「倒茶水」都面露遲疑，

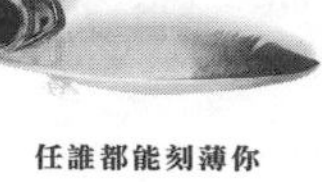

她覺得若連幫忙倒茶水都不肯了，以後會很難調度，所以開開心心一口說好的我，就成了她的首選。

阿澄問：「那你沒主持節目時，真的有幫忙倒茶水嗎？」

我點點頭，說：「當然有啊！不過，打雜也是有分層次的。我很菜，只能偶爾幫忙倒倒水，比較資深的主持人則負責幫製作人泡咖啡。有一次她不在，這件差事落到我頭上，眼見濾紙內的咖啡滴得很慢，我又急又慌，就去擠壓濾紙，看到落下超多咖啡粉，我內心雀躍不已，覺得自己實在太聰明了，竟然可以想出這種速成的方法，於是得意地拿給製作人喝。誰知他才喝了一口就吐了出來，對我大喊：『真難喝！你到底有沒有泡過咖啡啊？以後不要你泡了！』那時我才理解，原來要把雜事做好，也有學問的。」

從此，我就再也不用泡咖啡了。

聽我說到這裡，阿澄突然頓悟地說：「你是暗示我把『海龍王』弄死，以後就不用養了嗎？」

我大笑著說：「我沒這個意思。我怕你把『海龍王』養死了，你的前途會同歸魚（於）盡，一起陪葬掉。」

別急著抱怨，先想想這三件事

常聽人抱怨：「厚！那又不是我的工作，幹麼叫我去做啊！」「我是來當會計的，為什麼還得支援那個專案？」「為什麼主管每次都叫我去訂便當？是把我當小妹嗎？」

關於這些悶氣，有三個方向提供給各位思考。

一、肯做「分外」的工作，才能敲開升官、加薪的大門

主管都很在乎部屬的配合度與溝通能力。比如說，在職務分配上往往有許多模糊的灰色地帶，好像不屬於任何人該管，但沒人做又不行。當主管請你幫忙去處理時，假使他老是聽你拒絕：「我很忙。」「這不是我的事。」「可以找別人嗎？」就算一時不能把你怎麼樣，不過，遇到有升遷機會時，一天到晚拒絕「天外飛來一筆的任務」的你，名字就很難出現在升遷名單上。

想升職、加薪，不斤斤計較是很重要的一環。你的專業資歷在面試時決定了你的薪資空間，你的態度將影響你未來的升遷。

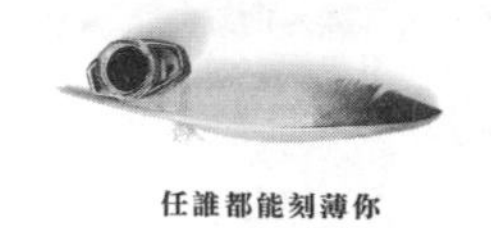

二、老闆請你做私人雜務，是對你信任的展現

你會請誰幫你上網購物還送貨到府？你會請誰幫你遛狗？一定是你很信任的朋友吧！我的朋友阿澄能拿到老闆豪宅的大門鑰匙，幫忙照顧他珍貴的魚種，**這種看似打雜的任務，只有公司當紅、深得老闆信任的人才有機會負責**，也表示老闆已經把你當自己人了，不怕你知道他的家務事和瑣事。

如果這樣解釋，你心頭上還過不去，那麼，有個職務你千萬不要去應徵：「特助」。「特助」這個職稱聽起來挺稱頭的，一般來說薪水也不低，不過說穿了，就是幫老闆喬事情、找門路與套交情的打雜王。

三、新人的專業力尚在培養，主管從小事觀察你的態度

請新人做一些雜事，是因為新人的專業表現好壞，主管還沒看到，便以幫忙送文件、訂便當等瑣事，來觀察處理態度與應變能力。若你能把瑣事都做得好，下一步他就會試著把重要任務交給你。

信任是逐漸累積的，把每一件不重要的小事都做好，可以逐漸累積出你在公司的重要性。

打雜、做分外的工作都是一時的，往往也只占一天工作時間的幾分之幾而已。我和阿澄肯做職務外的瑣事，不是為了老闆或者公司，我們都是為了自己。

阿澄已經五十多歲了，雖然掛著總經理頭銜，仍有著高齡轉職不易的隱憂，委屈幾天養養魚，求的是讓自己的位置坐得夠穩，讓家人可以豐衣足食過日子。至於我在二十幾歲時願意去倒茶水，是想著只要願意多做點瑣事，就能從事自己喜歡的工作，是很划算的事情。

當分外的職務落到自己頭上，你得「校長兼撞鐘」時，**轉轉念頭，想想自己是為了什麼而工作的，就能幫助心中的委屈酸鹼平衡一下。**

你的專業資歷在面試時決定了你的薪資空間，你的態度將影響你未來的升遷。

時間要花在值得的人身上，
一直拗你做事的人。
就要乾脆地叫他滾。

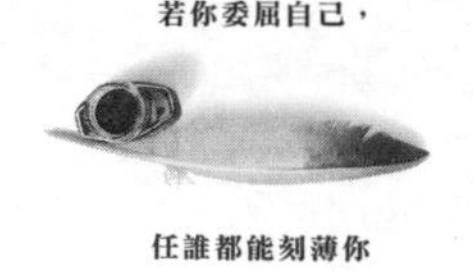

你的專業，不是讓人家拗免費的

你得練習勇敢拒絕爛人，堅定地說：「這我真的幫不上忙耶！」

做人即使再善良，也需要有一個底線，當這條線被踩到底時，耳朵會聽到「啪」的一聲，理智線斷了，再也接不回去。

「寫寫寫，你給我寫。沒在怕的，我就是要他知道老娘說的就是他。你一個字也別改，我就是要讓他知道！」麗蓉怒火中燒地大罵著她口中的那個「爛人」。

該怎麼說這個精采的故事呢？從臉書打卡開始講好了。

麗蓉是房地產界的名人，普通人打卡只有幾個讚，但名人一打卡，連點頭之交都跑來糾纏。那天，麗蓉在某家餐廳吃飯，一打卡，手機的訊息聲響了，原來是僅見過一次面的朋友大明哥傳訊來，訊息寫著：

「我在一〇二室，這間有很多營造老闆，你要不要來敬個酒？」

「敬個酒?!」這三個字讓麗蓉從眼睛到心裡都燃起了熊熊火焰。她滿臉怒氣地對我說：「機車啊！他現在當我是媽媽桑還是小姐？對朋友不應該這樣吧！超沒教養的。」

「他是想拗你過去一下，展現他強大的人脈，沾點光吧。」我打圓場地說，但收不住笑。

「拗！他拗得可凶著。上次他哥哥想做停車位生意，他說請我吃個飯，要我去向他哥哥報告相關細節——『報告』耶！我是要為了那頓飯先去做個普查，然後去做簡報嗎？」

「你給他市長的電話啦！叫他找市長去報告一下，這才是專業。」我打哈哈地說。

麗蓉實在覺得太委屈了，一開口就無法煞車。「我的房地產專業可不是這樣讓他隨傳隨到，包山包海的耶！想做生意，應該外包一個調查研究小組，怎麼會吃一餐飯就要做生意呢？」

「後來你怎麼辦？」我舉手發問。

「經過那兩次的事情，我就封鎖他了。時間要花在值得的人身上。像這種人，就要乾脆地叫他滾。朋友往來至少要相處愉快，如果連愉快都做不到，真的不用了。」麗蓉淡淡地說。

一直拗你做事的人，絕對不是什麼好人

我跟朋友們轉述這件事，沒想到引起了許多共鳴，這才發現被拗過免費幫忙的人還真不少。

舉個例子，在公關公司工作的朋友因為人脈廣，常有人請她幫忙「喬」事情。

「最誇張的一次是有人請我幫忙去喬『移開電線杆』。」她說。

「後來電線杆移開了嗎？」我問。

「當然沒有！他當我神力女超人嗎？我只給了他台電的客服電話，明明白白地告訴他：『恕我無能，你自己加油！』」

還有位聲樂家朋友告訴我，在一次聚餐中，主人幫客人們彼此引介後，其中一位初次見面的朋友竟一派自然地要求：「聲樂家耶！來唱個兩句聽聽，唱一下，唱一下。」讓她

臉上三條線，尷尬得不得了。

你一定也遇過這種根本不熟或者才見過一次面就要你幫忙的人，讓你內心很煎熬：不答應，好像是自己太不近人情；然而答應了，內心又百般不願。為什麼為這樣的人幫忙會讓你如此不舒服？原因如下：

一、沒交情，或是情分不夠

以麗蓉的例子來說，她之所以會火大，是因為對方和她根本不熟卻還硬拗她做事，一下子要她去報告停車場的市況，一下要她去敬酒。**前者是不尊重別人的專業，後者更是失禮到家。**

如果這個拜託的人是跟麗蓉認識多年、情分很夠的朋友，吃頓飯、幫忙分析一下市場，她一定肯。

假如把朋友之間的交情當作儲蓄來看，平日存下了許多友情本，遇到困難時，請對方幫忙猶如在提款。昔日若存得多，友情就不會出現赤字；反之，剛見面的友情儲金是零元，若立刻被索求幫忙，任誰都會想翻白眼，內心大喊：「你以為你是誰？」才剛開戶便立即破產。

二、互惠失衡，違背人「最愛自己」的天性

假如是半生不熟的朋友拗你幫忙，感受上雖然比陌生人好一些，但如果他平常都沒幫過你，卻常常要你支援他、救助他，這也很難長久，因為**人性說穿了，最愛的就是自己**。你老是麻煩我東、拜託我西，這是在勞動我，那你付出了什麼？給了我什麼好處？每次幫你忙，一頓飯也不請，一杯飲料也不給，這樣的態度就是不愛我，刻薄我，對我不好，違背了人類最愛自己的天性，互惠嚴重失衡，當然會讓人退避三舍。

掛著「幫忙一下」的大旗狂揮舞，行「圖利自己，坑拐他人」之實，是在慷他人之慨。你得練習勇敢地拒絕，堅定地說：「這我真的幫不上忙耶！」多說幾次自然會順口。平常多練練，你就能脫口而出，拒絕爛人。

一直會拗你做事的人，絕對不是什麼好人，在他們眼中只有自己的利益，完全不在乎你的感受。交朋友貴在互惠，這種不互、不惠的人，得罪他根本無妨，因為他對你一點幫助都沒有。等哪天你有事情需要幫忙，自私自利鬼根本不會對你拔刀相助，與這樣的爛人斷交不足惜。**別委屈，別受氣，絕交要趁早，人生才會乾淨清爽。**

我念碩士在職專班最大的收穫：人生勝利組也會走下坡

職場不是一路往上衝，高點之後，可能就是谷底，所以要提早做準備。

念ＥＭＡ（碩士在職專班）最大的收穫是什麼？我的答案是：提早察覺「我的人生會走下坡」。

我當時三十幾歲，事業正得意，念ＥＭＡ的同學都是社會菁英，學校嚴選，學校推薦，大家都是來交朋友，錦上添花，拓展人脈。同學們的年齡落差極大，從三十歲到五十幾歲，每個同學的職稱都是頂桂冠：主播、副台長、總經理、協理、局處首長……在社會上一個個閃耀著金光。

不過在認識半年後，光暈逐漸退散。

真實的面貌是：在職場、家庭中，人人各有其難題，這些各式的困境既難解也無解。所謂的「成功人士」只是表面。實際上，有人要煩惱另一半外遇；有的人卡在公司內部的派系鬥爭；有的人因婆媳不和的問題所困；還有人需要一肩扛起經濟壓力，卻無論如何都要維持生活體面。說到底，每個人也只是「生活很煩」的普通人。

職場上，也有春夏秋冬

五十幾歲的同學們給我的啟發是：他們往往是職場勝利組，職稱好聽，薪水早早就破百萬，獨占鰲頭已久；但他們卻也是最憂心的一族，公司一有風吹草動，就很擔心自己高位不保。

這年紀，再找工作很難，要找高薪的工作更難，他們默默憂慮著被資遣、被打入冷宮、被邊緣化……這輩子的職場路走得光彩奪目，卻因為年紀大，變成了走鋼索的人。他們面帶微笑地表演，熟練地踩在鋼索上玩著拋接球、疊羅漢、秀彩帶。台下的觀眾們拍手叫好，他們卻惶惶不安，擔憂自己會跌下去——跌下去後還萬萬不能摔死，因為有房貸要付，小孩要養。

生命中的春夏秋冬，人人都會經歷。那時三十幾歲的我還在職場的「夏天」，五十幾歲的他們則來到職場的「寒冬」。我將來必定也會走到冷風逼人的嚴寒季節。

人生有很多苦痛，往往來自於「不接受」與「不順服」。例如，他變心不愛我，我不接受，我要他再度愛我，這就很痛苦；或是有人罵你，你不接受，希望他不要罵，希望他道歉，但根本不可能。如果能轉念，接受他罵我、討厭我，不解釋，接受這情況，也知道這情況有一天會過去，你會好過很多。

「接受」以及理解一切「苦痛」都會過去。你的不舒服是因為你正在「經歷這過程」，走過了就沒事了。

「接受」一切都是最好的安排，會讓自己的日子更順利地過。

我接受不管我現在在職場上多閃耀、多風光，到了五十幾歲時，走下坡的機率很高。**我選擇不反抗這命運，選擇早早多存錢、理財，準備好在人生冬季來臨時的存糧，安然溫飽老去**，這樣就好了，就夠了。

頭銜、職稱和面子不重要，皆可拋。

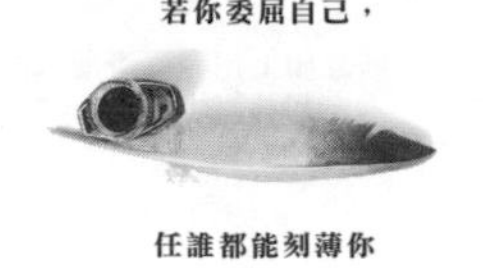

三十幾歲時，你就要提早做準備

職場不是一路往上衝，高點之後，可能就是谷底。隨著年紀愈大，我們與企業的關係會從年輕時灑脫跳槽，天不怕地不怕，轉變成依賴公司。總有一天，公司會不需要年華老去又坐領高薪的我們，既然如此，就要提早做準備，人生才不會瞬間彩色變黑白。

一、及早規劃理財

無論你過去賺了多少，沒存下來就是一場空。人生這條路是有錢有朋友。有錢就有面子，也有裡子。存款豐厚能讓你安全感倍增，有錢就能身心安頓，即使突然失業，也能悠閒地找工作，而不至於驚慌失措。

二、發展第二專長

趁早展開事業的第二支線，降低對單一企業的依賴度。第二專長可以從有興趣的兼差或者專業課程開始。由於還有主業的收入，培養起來沒有壓力，也能開拓出新的人脈。

ＥＭＡ的同學們聚餐時，有人打趣地問我：「那你五十幾歲時要幹麼？」

我看著餐廳的清潔人員，笑著說：「我可能會加入他們。我覺得什麼工作都很好，不用侷限自己非要坐辦公室不可。」

同學說：「好，那我們一起當清潔工，這樣聊天很有伴，很有趣。」

我說：「好啊！我們會很開心的。」

人生不難，不要自己為難自己。接受風雨，就能平靜看待風雨。

不舒服，是因為你正在「經歷這過程」，走過了就沒事了。「接受」一切都是最好的安排，會讓自己的日子更順利地過。

如果明天失業，你準備好了嗎？

隨時評估你所擁有的專長，在職場上是否還具備競爭力。

「你知不知道？男神王小陸剛剛解約耶！新的經紀人就是緋聞女友，簽約金破千萬。電影紅了，他從票房毒藥變成會走路的印鈔機啊！」主跑電影線的華哥邊打稿，邊向大家爆料。

「我們每天寫這個明星住豪宅、那個模特兒開千萬名車，自己的薪水卻只有愈變愈薄，真是『窮』開心。」資深記者小燕姊翻個白眼抱怨著。

截稿前，報社記者們的打字聲總配著八卦閒聊。這是一家專門發行娛樂影劇的報紙，記者們交換著藝人的最新情報，聊天紓壓，一片和樂。

在發行量最風光的時候，誰也沒想到這種歌舞昇平的日子會有曲終人散的一天。報社受到網路媒體興起的衝擊，業務量縮減，最後無預警地關門。那些寫稿配八卦的喧鬧時光像是突然被關掉的電視，前一秒還璀璨繽紛，下一秒只剩下一片黑，再也看不到人影。

善用人脈，布局事業的第二條線

藍Sir對我說著當年他工作的報社收攤的景況，唏噓不已。可別以為他現在很落寞，如今他的身分是流行歌曲作詞家，收入翻了幾倍。除了寫歌，他還出書，生財有道，日子過得悠悠閒閒。

「一起打拚的同事們被資遣時都很慌張，畢竟還有房貸、車貸，孩子也還小，柴、米、油、鹽，處處得花錢，領的資遣費最多只夠活兩、三個月。**我早就認清不可能靠公司養一輩子，所以在之前就規劃了另外一條路。**」藍Sir看著自己珍藏的藝術品，喝著咖啡，不慍不火地說著。

過去他也是記者，主跑唱片線，跟許多唱片公司的高層都很熟。當然，這樣的人脈，

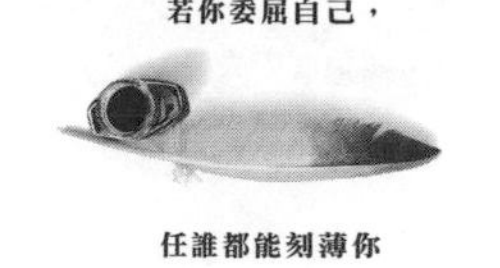

別的記者也有，不過藍Sir不一樣，他不是只和唱片公司的人吃吃飯、打打關係以探聽歌手八卦，**他更積極地運用這些人脈，去為自己事業上的第二條線細細布局。**

每天寫完報導交給報社後，他就開始寫歌詞。同事們花在聊天上的零碎時間，他用來研究當紅作詞家的寫法以及聽唱片公司給的Demo帶，邊聽著音樂，邊寫歌詞賺外快。

一開始並不順遂，自己精心寫的歌詞投出去後，常常石沉大海，但他不灰心，繼續厚著臉皮去請教別人，不斷地改變寫作的方式。後來，不僅他創作的詞被錄用了，更有當紅歌手指定要請他寫詞，他順利卡到了位。

報社收攤時，藍Sir已坐穩了作詞家的位置，第二份收入有著豐厚的進帳。報社一倒，他領了資遣費，把過去的副業寫詞當作正業，無縫接軌地繼續展開事業的第二春。

未雨綢繆是老話，好用的老話

許多上班族羨慕公職人員就業有保障，不會被公司任意辭退或者面臨企業倒閉的災難。但如果你不想考公職，在私人企業中，如何讓自己不容易受大環境擊敗，面對巨變不會倉皇失措，以下這三點積極的作為可以提供你參考。

一、多運用在職時的人脈與資源

大樹底下好乘涼，當你的名片上印的是顯赫的公司、令人尊敬的職稱時，你的人脈自然會比較暢通。名片等於一張ＶＩＰ通行證，讓你在進行業務接洽、拜訪廠商或邀約採訪時，都會非常順利。**推動你能夠直達天聽的通關密語，不是來自你的笑容或者外表，而是你身上掛的頭銜與公司品牌。**以藍Sir來說，假如他不是唱片線的記者，投稿出去的詞可能連被注意到的機會都很低，但因為他的身分，作品就比較有可能被錄用。

這可是工作上的無形福利。若懂得好好運用，可以把隱形福利最大化、具體化，等到有天自己的獨特價值彰顯了，就算沒有公司的庇蔭，也能獨立生存下去。

二、積極培養第二專長

為什麼要培養第二專長？這可以分為三部分來談：

（一）當企業營運順暢時，如果你想轉調至其他部門，必須展現出適合那個新部門的能力。若你已經具備適合新職務的專長，脫穎而出的機會就大很多。

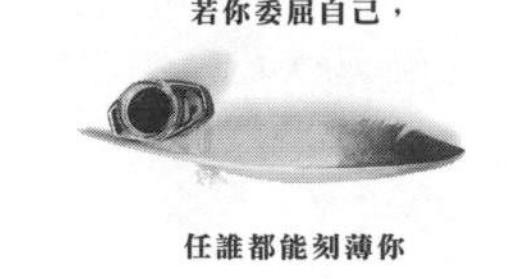

（二）在企業的業務量縮減時，假如開刀的對象是你的部門，有其他專業才能的你就多了轉調至其他職務的機會，而不會被資遣。

（三）**在職場上並不是年紀愈大或愈資深，就會愈受歡迎。相反地，當你年紀漸長，在職場上的籌碼是愈來愈少，能跳槽的空間也大大縮減。**早早運用第二專長開創自己的新事業，成為獨立工作者，就能不受控於企業，拿回人生自主權。

至於如何挑選第二專長？藍Sir因為自己愛唱歌，對寫作也有興趣，所以選擇當作詞家。他告訴我：「要做第二份工作，一開始往往容易受挫或者被拒絕，所以要找自己有興趣的事情來發展，才比較能熬過一開始的陣痛期。」

三、隨時問自己：「如果明天失業，我準備好了嗎？」

「生於憂患，死於安樂」這句話，其實也適用於職場。不妨常常問自己：「如果明天失業，我準備好了嗎？」透過這樣的自我檢視，評估自己的生活準備金是否充分，所擁有的專長在職場上是否還具備競爭力，有沒有需要補強的地方，並且思考如何降低職涯風險。

積極面對問題，就能解決問題。以這樣的態度，才能在看似平靜卻隨時會有大浪來襲的職場上，繼續安身立命。

人生勝利組從天堂墜地獄！職場老鳥當心一步錯，全盤輸

或許你是公司最重要的人，但公司並不是非你不可。

蘭姊是某家大品牌的行銷公關總經理，也是媒體的寵兒，演講與節目邀約不斷，凡遇到與公關議題、企業危機相關的新聞，總可以看到她在鏡頭前受訪。多年下來在業界累積的資歷與名聲，使她的名字與公司品牌幾乎融為一體，儼然成了代言人。沒想到有一天，老闆竟然毫不留情地開除她，一刀劃開了她與公司長年的關係。

「你們知不知道公司的江山有一半是我打出來的。假如沒有我，我們的品牌會有這麼

大的曝光量嗎？」

在自己的離職歡送會上，蘭姊酒喝多了，話說到一半，便趴在桌上大哭了起來。

「老闆憑什麼這樣對我？憑什麼開除我？憑什麼？我在公司十五年耶！青春都奉獻給這家公司了，我得到了什麼……」

悲憤的哭訴像是竇娥喊冤，企求天地給個公道，聲嘶力竭到令人鼻酸。

十幾年來，蘭姊與公司的關係一向是「魚幫水，水幫魚」。到底是什麼樣的糾葛，竟使得雙方長期以來的親密合作一夕生變？

自肥的員工，沒有企業容得下

時序回到那年的八月，為了決定要送給廠商的賀年禮品，蘭姊在會議上，要大家自由表決，同時卻又不斷地暗示選A公司設計的馬克杯與日曆。

「馬克杯是每個上班族都用得到的，日曆則可以讓廠商每天都想到我們，一年三百六十五天，天天都想到我們，是不是挺好的？就選這個吧，好不好？」

蘭姊這番話說得挺明白，就連剛來七天的菜鳥同事也把神聖的一票投給了「馬克杯與日曆」這對奇妙組合，全數通過，程序看似民主而公開。

過了幾天，公司的法務人員問蘭姊，「為什麼這次合作製作禮品的廠商沒有送合約來？」蘭姊雲淡風輕地說：「這是廣告交換，沒有打合約。我們把協力廠商的名字印大一點，對方就不收設計費和版權費。我們每次送的禮品都是上萬份的，可以替他們打知名度。不過禮品製作費，人家還是要收。我這樣可是幫公司省了不少錢呢！」

公司高層開始對這件事情起疑，進一步調查後發現，原來這家禮品公司負責人是蘭姊的丈夫。資訊室開始監看通訊軟體，紀錄上顯示蘭姊曾對丈夫說：「**這次的禮品貨款，七成利潤入了我個人戶頭，沒有我，就沒有這筆大訂單。**」

在一段又一段列印出來的難堪對話中，更赤裸的還有這一段：「**我要好好利用這家公司的資源，讓自己賺飽飽，不然就太傻、太笨了。**」

看完了對話紀錄以及其他證據後，老闆立刻請法務單位與人資部門算好資遣費，要蘭姊當天便走人，連一眼也不想再看到她。

說起來，也難怪老闆會感到寒心，當年剛創業時，所有媒體訪問的都是他，眼看事業體愈來愈大，他對虛無飄渺的名氣毫不戀棧，只想專心經營企業，便交代日後所有的採訪都改由蘭姊上場。

在老闆的栽培下，蘭姊享受了十多年鎂光燈下名利雙收的璀璨時光，只不過漸漸地，耀眼的光芒變成了白雪公主故事裡，後母的魔鏡，天天對蘭姊說著：「你是全公司最重要的人，公司沒有你不行。」

但是在現實的職場世界，無論你再出色、再厲害，公司也絕對不是非你不可。

公司的光環愈強，你愈要建立自己的品牌

蘭姊的事情逐漸傳開了。名人被資遣的話題很有爆點，好幾個談話性節目爭相邀約她。蘭姊在每個節目上泣訴著老東家有多絕情，還有自己遭小人陷害……灑狗血的內容讓收視率開紅盤。

不過，媒體的屬性是這樣的：錦上添花的成功故事可以一說再說，百談不膩。如果是破落的故事，第一次上節目講，在名人自訴隱私的濃濃八卦味下，觀眾如同鯊魚般聞腥而來，報紙、雜誌也會爭相採訪；同樣的事情說第二次也還行，觀眾不僅會想重溫一次，還擔心自己可能漏聽了一些細節，不然街頭聊天時搭不上話，可就遜了。

可是到了第三回，一樣的菜回鍋三次，早就走味了，甚至會讓觀眾忍不住開始質疑：

「你不是危機處理專家嗎？面對自己的職場危機，是每天透過媒體發聲來解決的嗎？」

失去了公司品牌光芒的加持，如同少了成功人士的勳章，隨著時間過去，訪問蘭姊的媒體愈來愈少，畢竟台灣最不缺的就是名嘴與專家，**少了一個某某專家，還有千千萬萬的其他專家等著遞補。**

蘭姊與老東家的糾葛已是好幾年前的事了。離職之後，她挾帶著過往的光環，立刻有企業重金禮聘，頭銜好、薪水多。然而，這位空降的大明星主管卻讓公司的老臣們很不以為然，行政杯葛、酸言酸語等排擠戲碼天天上演，其他同事們也等著看重金挖角來的大佛能變出什麼戲法來。這樣的日子，對習慣了呼風喚雨的蘭姊來說是過不下去的，她因而頻頻跳槽，卻持續地水土不服。

前兩年，她跳槽了四家公司，成了職場上的資深浮萍四處漂流，一直找不到根，後來還失業了數年。

喔，對了，她的老公開的公司呢？早就無聲無息地倒閉了。

蘭姊機關算盡，卻落得全盤皆輸。

POINT 2

夢想力

做人生的海賊王，「萬變」勝於不變

她把薪水從兩萬八跳到十二萬，只用了兩年兩個月。

我曾在電視台當了多年主管，簽過的離職單至少有上百張，部屬離職的理由往往不悲不喜地寫著：「**另有生涯規劃**」、「**家裡需要幫忙**」、「**健康因素**」、「**進修**」、「**休息**」……簽完不僅我忘了，恐怕連當事人也記不得自己寫了什麼檯面話。

唯有小紅的離職單讓我印象深刻，上面寫的離職理由是：「**不堪台北物價飛漲**」。

如果想太多，就什麼都做不了

小紅的老家在台南，到台北是為了一圓記者夢。公司給她的薪水是兩萬八千元，她說，光是租房子、吃飯、摩托車油錢和手機費扣一扣，根本存不到錢，於是在上班兩個月之後，她決定結束這項賠本生意跳槽去。

我問她：「你要去哪裡？」

她開朗地說：「我要去花蓮的報社當記者，薪水三萬五，加上油錢津貼，有四萬耶！」

薪水從兩萬八變四萬元，只花了兩個月，連我都佩服她的選擇。

我又問她：「那你在花蓮有親戚或朋友嗎？」

「沒有啊！」小紅一派輕鬆地回答。

「你對花蓮熟嗎？」

「完全不熟。」

「住的地方呢？」

「我還在找。」

在驚訝中，我簽核了寫著「**不堪台北物價飛漲**」的離職單，而她也火速地搬離了台北。

向花蓮的報社報到時，主管告訴她，花蓮很大，她必須有車。她想起大學時曾經在中古車行打工，立刻打電話給車行老闆。

「老闆，我工作需要買車，但我沒錢耶！怎麼辦？」

老闆爽朗地大笑說：「買車不用錢啦，可以全額貸款，車況好的還能超貸。」

於是，小紅當機立斷地買下了一輛中古車，價格十九萬，貸款有二十四萬，多出來的錢讓她付掉了花蓮的房租和押金，她沒有從口袋裡拿出一毛錢。

對一個生命力旺盛且渴望成長的人來說，當工作愈來愈上手，而變得愈來愈沒挑戰性時，就會想要往下一個目標邁進。

在花蓮待了兩年，小紅發現該跑的新聞，自己都跑得差不多了，有些節慶性的新聞開始重複出現，她有點膩了。有一天，她打電話給我說她要跳槽了，這次是去北京當記者。

北京是怎樣的地方，小紅完全不了解，因為她沒去過。她只知道報社給五萬元薪水，加上外派時領的交通、電話費等人民幣津貼，折合台幣約七萬，一個月可以領到十二萬元。

「你人生地不熟的，不怕嗎？」我問小紅。

她說：「我當然會怕啊！但我只要闖過這一次，以後就不會怕了。如果想太多，就什麼都做不了。」

就這樣，小紅賣掉了車，一個人從花蓮到了北京。那一年，她還沒三十歲。

實現高薪夢想的三大視野

小紅的故事看完了，不知道你有沒有發現，不到三十歲的她可以月收入最多十二萬，有三個關鍵點，而這些也是上班族要實現領高薪夢想必須具備的特質。

一、移動力

兩、三年來，小紅居住的城市從故鄉台南到台北，接著是花蓮，最後去北京，遷移的範圍非常廣。只要新的工作收入多，並且有助於開啟新視野，她二話不說就搬家。

光看這樣的資歷，未來任何一家公司都會知道小紅是**一個很願意隨著組織成長，接受變動的人，對於輪調、外派統統都OK，不僅好調度，也看得出她的企圖心，企業當然很歡迎這樣的人加入。**

二、薪水與台幣脫鉤

台灣的年輕人有起薪低的困境，即使是資深上班族的薪水也常常卡在五萬元上下，才工作沒幾年，就撞到薪資的天花板。

要突破這種困局，就要找薪水可以與台幣脫鉤的職務，也就是**以國際行情來計薪的工作**。例如，讓小紅的薪資翻三倍成長的工作是以人民幣計薪。而許多名廚與國際連鎖飯店的管理階層，薪資都以美金計。

就算你現在還年輕，資歷還不夠，也可以開始做職涯規劃，有目標性地跳槽或者提升相關的能力，讓自己往高薪一族邁進。

三、勇於嘗試，適應能力強

錢多、事少、離家近，這些是許多上班族夢寐以求的工作條件。然而，太年輕時就堅持這些夢幻條件，不但容易使待業期變長，挫折感與自我懷疑也會增加。**要等自己的資歷豐沛、籌碼豐富，並且專業技能純熟時，才能談這三大夢幻條件。**

拿小紅來說，無論身處什麼地方，她都能適應，同時也勇於與未知的環境奮戰。只要突破了自己一次，不但能力會跟著提升，工作經歷的獨特性也會愈來愈強，薪水當然也能夠跟著增加。

小紅猶如「人生的海賊王」，有機會就衝，不斷冒險，與風浪搏鬥，習慣變動，也因此能在收入上拿到滿滿的寶藏。

前陣子，我打電話給小紅，關心她的近況，她說將要一個人去泰國和緬甸旅行九天，只訂好了第一天的飯店，其他的統統到時候再說。

相信她這九天邊玩邊想辦法的旅行，會比傳統跟團的行程來得豐富精采，一如她奇幻的職涯歷程。

只要突破了自己一次，不但能力會跟著提升，工作經歷的獨特性也會愈來愈強，薪水當然也能夠跟著增加。

不怎樣的二十五歲，沒有企業鳥你，如何逆轉勝？

想在二十五歲時就被看到，要在二十四歲、二十歲開始布局。

還在電視台工作時，有一天，我坐在採訪中心的辦公室裡，看著身旁座位上的四位女記者，突然想到她們有個共同點：都參加過美女選拔，有的當選過葡萄公主，有的拿下茭白筍姑娘，有的榮獲蓮花小姐，有的是校園美女。我們這一整排座位除了男記者之外，唯一沒有這些頭銜的就是當主管的我。

我內心暗暗驚嘆：「這些少女們真不簡單，大學時代就在布局，有了這些頭銜替外表背書，對於需要上鏡頭的電視產業來說，絕對是履歷上亮眼的重點。」

你想進入什麼產業，是從幾歲開始布局的呢？

在你問問自己的同時，我也來說說我的故事。

我在念大三時，從報社的免費實習生開始，每天自動自發地到辦公室幫忙，工作內容是整理記者們需要的通訊錄，也就是打雜，**以行動證明自己真的很有熱情，不只是說說而已**，而這份認真被報社主管看到了。有一天，主管告訴我：「你明天就跟著記者出去跑新聞吧！回來寫一份稿子給我看。」我因而有了第一篇採訪報導的作品。

第一次寫稿，不是本科系的我，自以為修過新聞系的採訪寫作課，上場絕對沒問題，結果只寫完第一段就寫不下去了，慘不忍睹，最後還是靠著其他人的幫忙才順利交稿。**丟臉歸丟臉，但總是個開始，有開始就有希望。**

希望來了嗎？沒有這麼快！女主角奮鬥的故事要賺人熱淚，總得特別坎坷。畢業後，在履歷表之海中競爭，我還是不夠出色。當時的我始終不懂，為什麼履歷丟了這麼多，一直都沒有人打電話找我去面試，每天都覺得煎熬且不解。

面試時，
你是與眾多競爭者們華山論劍比高下，
只說「我很喜歡這份工作」、
「我對這份工作非常感興趣」，
這是不夠的，要拿到機會，
你必須使出自己的「致勝大絕招」。

求職要吸睛，先掌握三大布局祕訣

這也讓我想起某支「人力銀行面試實測」的廣告：**「不怎麼樣的二十五歲，誰沒有過？」**在廣告裡，履歷表上封住了應試者的大名，僅呈現其學、經歷。第一位先生有好學歷，卻沒有工作經驗；第二位先生在菜市場當過學徒、洗車員和麵包店學徒等，學歷只有國中。幾位主管紛紛搖頭，覺得第一位沒有工作經驗，可能無法跟社會銜接，而第二位的學歷太低，四處打工，沒有專業，也沒有持續性，兩人都不被錄取。

最後，求職者姓名欄被揭開了：第一位是李安，第二位是吳寶春。

答案揭曉後，主管們紛紛覺得錯愕，反省是自己太嚴格，給人貼標籤而錯過了人才。

廣告企圖傳達的想法是多給年輕人一點機會。

這支廣告造成了轟動，一時之間，很多人都在網路上感謝自己的第一任主管，可見每個人的二十五歲都是從沒有企業理睬開始的。

所以你沒有特別衰，你很正常，第一份工作資歷總是最難得到，因為當時你缺乏資歷，在履歷表中的差異性不大，自然難引起注意。萬事起頭難，求職也是如此。

六分鐘可以護一生。若把時間對半砍——三分鐘能幹麼？要知道，**連泡個麵都嫌短的三分鐘，卻是面試主管看完一張履歷的時間！**要如何抓住目光，讓他打電話通知你去面試，方法不是燒香拜拜，而是你在丟履歷之前，花了多少腦筋，也可說是你布局了多久。

一、你擁有什麼致勝大絕招？

第一個就業機會是最難獲得的。在面試時，你是與眾多競爭者們華山論劍比高下，如果你拿出來比劃的武器只是「我很喜歡這份工作」、「我對這份工作非常感興趣」，你覺得這兩句話夠強嗎？足以打敗其他的競爭者嗎？

因此，社會新鮮人要拿到機會，必須擁有一些具體且法力高強的武器。

舉例來說，有一回，我缺一名編輯，應徵的好手以中文系、新聞系居多，有份理工科系出身的履歷卻讓我眼睛一亮。這位應徵者在學生時代得過文學獎、編過社團刊物，擁有了這些資歷，已經可以進入面試階段了。他還有個獲勝的大絕招：在履歷中，他比較了多家報紙版型的優、缺點，以及各家下新聞標題的偏好等，這樣的用心，幫助他打敗了一堆相關科系的應徵者，脫穎而出。

他的工作機會不是我大發慈悲、廣開善門給的，而是他以努力與積極，敲開了機會的磚。

二、你對自己的履歷夠用心嗎？

還有一點也很重要：好好地客製化每一份要給出去的履歷。

你是否用心，從履歷上是看得出誠意的。履歷表不是機器規則報告，也不是產品說明書，不要太循規蹈矩。**思考自己的強項，做一份具有創意與說服力的履歷表，才會讓自己脫穎而出。**

瞎丟一百份，不如好好丟一份。

三、你知道你想進的企業需要什麼「貨」嗎？

再從「企業不識貨」這方面來討論。「不識貨」這三個字，就牽涉到企業要什麼貨。如果企業需要工程師，開的條件應該是資訊等相關科系，廣告中人資拿「國中畢業」、「沒有相關經驗」的履歷表給主管挑，人資大概會被大罵：「不專業！」「沒腦！」「在搞什麼飛機啊！有沒有過濾過啊？」

把LV拿到菜市場賣，怎樣也不可能賣到上萬塊。**東西要放對位置，才有那個價值。**對人資來說，刷掉吳寶春跟李安的履歷，這才是專業與盡責的表現。

從廣告學到的兩件事

為什麼廣告中的主管們一知道是李安和吳寶春的履歷後，統統都改口笑著說：「我們有時候要求得太嚴格了」、「可以把他找來聊聊，把機會稍微放開一點」？原因有以下這兩個：

一、這是廣告，請別當真

企業主管們都知道有鏡頭在拍攝，因此難免失真——我沒有說是演，我是說失真。這就像選美小姐參賽者都會說：「我當選後，最大的心願是到落後國家幫助貧困的人，因為美就是心中有愛！」眼眶泛紅，嘴角微笑，閃耀聖潔與愛的光芒。這答案不見得真實，卻很安全且深得人心。

同理，主管們看到履歷的主人是吳寶春、李安，若還鐵了心地說：「我要刷掉他們，我要淘汰他們！他們的專業不符合我的需求。」這廣告還能打動人心嗎？還有戲劇張力嗎？人力銀行花錢拍廣告，請出的導演與寫的腳本有一定的水準，成品如果沒有「逆轉勝

的催淚情節」，廣告公司要怎樣跟人力銀行請款。他們的專業又在哪？

廣告就是廣告，不是真實的人生。一如你不會跟孫芸芸一樣穿著禮服拿吸塵器拖地，還說出「我只愛精品」這樣的話；也不會在月經來的時候，像林依晨一樣穿著白褲子在草地上奔跑，腳步輕盈雀躍地跑去搭熱氣球，晚上睡覺時還舒爽地伸懶腰。

所以，醒來吧！

在這支廣告的所有夢幻泡泡和催淚言語中，最真實的就是：**企業最重視的就是「學、經歷」**。缺這項的人，就快點去補強，這才是正經的。

二、「有關係」，你就沒關係

廣告中有些主管還跟李安或者吳寶春是朋友。沒錯，「有關係」，世界上所有的規矩都可以打破；「有關係」，就可以讓你的履歷乘著雲霄飛車直達天聽。

別覺得不公平，靠爸族的爸爸當年可能比你爸爸努力，所以競爭往往不是只有在這一代，很多時候是跨世代的累積。

「吃苦」，是通往成功路上必須的祝福

李安的導演夢、吳寶春的麵包夢，都堅持了超過十年以上，走的路比我們都還困頓。李安無業時，被太太養了許多年。吳寶春當學徒時，曾經窮到睡在中正紀念堂旁邊的水泥椅子上，有一次被冷醒，他醒來後，哭著想：「這樣的生活到底要過多久？」

他們兩個人的夢想，都不是一般上班族的夢，**因為夢想很巨大，也很獨特，所以築夢的過程也特別艱辛。**如果你跟他們一樣有才華，要把「吃苦」當作是通往成功路上必須拿下的祝福。

假如你的夢想只是在某個領域中找到一個職缺，當個收入尚可的上班族，那就請上網查一下企業的職缺需求，或者問問從事相關工作的前輩，有怎樣的管道可以去努力。

在亮麗的青春下，面臨著前途茫然的痛苦，這困頓誰都有過，且大部分的人都能走出來。不然哪來的這麼多人在看了廣告後，紛紛感謝過去的貴人呢？

想在二十五歲時就被看到，要在二十四歲、二十歲開始布局。舉例來說：想從事傳播工作的，報名選美證明自己外表出色，或是參加影片徵選證明自己創意破表，都能加分。想做金融業的，多爭取銀行的實習機會以及增強外語能力，早早決定想爭取外派到哪一

國，先學習該國的官方語言，增加自己的競爭力。

我認識一個年輕人，他看準了台灣銀行積極在東南亞設分行，在大學期間很有魄力地休學一年去越南學習越南語——對於擁有這般資歷與企圖心的求職者，企業不錄取他，要錄取誰呢？

你只要在二十幾歲時夠勇敢、夠努力，一定可以讓未來三十歲、四十歲的你，笑著感謝過去所有給你機會的人。

連泡個麵都嫌短的三分鐘，卻是面試主管看完一張履歷的時間！要如何抓住目光，讓他打電話通知你去面試，方法不是燒香拜拜，而是你在丟履歷之前，花了多少腦筋，也可說是你布局了多久。

夢想是動態的，圓夢後是失落……和挑戰！

「要」這個字，是夢想。「我要」這兩個字，是巨大的力量。

「一顆心撲通撲通地狂跳，一瞬間煩惱煩惱煩惱煩惱全忘掉……」阿勝在台上熱情嘶吼，要大家一起：「跳起來！」重金屬的樂聲，一彈奏就有叛逆跟熱血的氣味。

唱歌是阿勝的天分，從小只要一開唱，管他台語歌或國語歌，都能讓大家耳朵受孕。住在附近的阿公、阿嬤們更是鐵粉，常說著：「這囝仔未來一定比洪榮宏還要紅！」

阿勝從高中開始組團練唱，大學時期開始征戰各項歌唱比賽，無論是量販店的「尚好聽歌唱大賽」、頗有政治味的「縣長盃流行歌唱選拔」，或季節性的「七夕金曲情歌對唱大賽」，他統統都參加。

我看著那些大大小小的獎盃，驚嘆地問：「你怎麼知道這麼多比賽資訊？」

他一口白牙笑得燦爛。「有很多這種社團，大家會分享資訊。比賽久了，也能交到幾個朋友。」一笑容裡，充滿著有夢最美，希望相隨。

當幸福來敲門，連空氣都是甜的。

「學姊，有唱片公司要跟我簽約耶！」阿勝在LINE上敲出這些字，每個字都在跳舞。

我對他用力道賀。**「你要當歌星了嗎？好酷喔！拜託幫我簽名。」**

「哈哈哈，一定啊！我發片一定送你一張。」

不久後，阿勝和其他歌手發行了一張合輯，他龍飛鳳舞的簽名頗有明星味。

只不過，那分喜悅在幾個月後就沒了味。「學姊，唱片不太賣，怎麼辦？」他憂心忡忡地跑來找我。

我不想勸他什麼大道理，倒想說個故事給他聽。

夢想，是一種動態的挑戰

「從前從前，有很多剛畢業的女孩來到電視台，她們都想要當主播。她們積極又努力，跑新聞時拚命表現，颱風、地震、上山、下海都沒問題，希望博得長官們的注意與好感。日操夜操，薪水三萬多。當疲累感來襲時，能消除疲勞的不是撒隆巴斯或者按摩，是日思夜想的『主播夢』。很快地，兩、三年過去了，她們當上了假日兼職主播，可是大概半年或者一年不到，就會提離職。」

阿勝聽到這裡，眼睛睜大，直問為什麼。

「她們發現當上主播後，日子沒有什麼改變，走在路上時沒有人認識，薪水也沒有爆增。原以為播報新聞是權威，走路會有風，結果真的當上後，發現每天只是關在攝影棚裡對著讀稿機說話。在強大的失落感籠罩下，就紛紛離職，去追逐新的夢。」

「所以，圓夢之後是失落？」阿勝若有所思地問我。

我喝口茶，點點頭。

「應該說，圓夢之後，是失落和挑戰。**圓夢後，你原本喜歡的部分還是存在，但一定也有你不喜歡，甚至沒想到的部分，那就是挑戰。**」圓夢後，還是要過日子啊！生活從來不

是靜止的，夢想是動態的挑戰。你要達到心中大明星的高度，不能只是打個卡，寫上『圓夢』。**夢想要變得光彩奪目，需要更多堅持，才會發光，才會閃耀。**」

我想到了阿勝的偶像「五月天」。

「五月天也不是第一張唱片就有這麼多的歌迷，就可以狂開好幾場演唱會。要一直拚下去，一直堆疊柴火，才能燒得照亮夜空。」

一聽到偶像的例子，他的眼睛亮了起來，聽我繼續說：

「電影裡面，主角終於實現夢想後，眾人鼓掌，送上鮮花，大喊恭喜；走在路上，一堆人衝上來要簽名；原本住在破爛小套房，一秒搬家到大豪宅；從騎摩托車的小資女，變成開著賓士車的成功人士……這些都是為了讓劇情高潮迭起，要觀眾熱淚盈眶，是高速快轉圓夢後十年，甚至二十年才能有的改變。

「圓夢後，日子往往跟過去是一模一樣：太陽照樣升起，你照樣去巷口熟悉的早餐店，買土司夾蛋去邊，搭配一杯小熱奶。即使達到了夢想的位置，喜悅往往只有一天，接下來就是新的挑戰，甚至是更大、更艱難的挑戰，唯有這樣，你才會脫胎換骨，變成一個更好、更強大的自己。」

夢想，像一頭養在心中的怪獸

回想當年，我終於一圓夢想，當上了記者。只有被通知錄取的那一刻很開心，正式上班後就很吐血！菜鳥什麼都要學，什麼都不上手，別人一次OK的事情，我做了三、四次才勉強搞定，日子忙碌又焦慮。

那時，我每天上班只期盼有時間吃口飯，喘息一下，一個月瘦了三公斤。最常飄出的念頭是：

「肚子好餓，抽屜裡面還有餅乾可以吃嗎？」

「稿子送出去後，可以不要挨罵嗎？」

「連續上班好多天，明天終於能休假了，我要睡到自然醒！」

如此卑微，日子沒有變得五彩繽紛，甚至忙碌到人生很黑白。

後來，為了更上層樓，我跳槽到一家收視率很高，政黨傾向被認為是偏藍的電視台，原以為進入第一品牌，從此走路有風了，沒想到家鄉支持綠色政黨的同學們紛紛對我說：

「我們不看那台的新聞喔！以後我們看不到你的報導了。」

我在親友間的能見度跌到谷底，這可是我在圓夢前始料未及的情況。

我常覺得夢想很像一頭養在心中的怪獸：不論你的外表多溫和，多像是草食性恐龍，只要一發現自己想要的東西，就會讓你變成迅猛龍，收起懶散，不顧一切地全力以赴，大聲嘶吼著前進，想跟這世界要點什麼來玩玩。你怎樣都要搶到，這是唯一的堅持，可以玩膩，可以有天不想玩了，但這世界不能不給玩。

在這個物價高、房價高和薪水低的時代，很多年輕人常說：「我沒有夢想了，我只想要活著。」不！**你不是沒有夢想，只要你還會「想要」，就是有夢的人。**

「要」這個字，就是夢想。

「我要」這兩個字，就是巨大的力量。

前輩們的夢想可能是反清復明、當偉人、看魚逆流而上、門口種種五棵柳樹，抑或是當個成功的企業家。在時代的洪流下，這些夢想對你來說都有點過時了。

現在你要的是快樂活著，做自己想做的事情。白天當一隻可以準時下班，優雅、可愛的社畜；晚上搖身一變過著去學習韓語，追歐爸的生活。

你要得少、要得小，卻更堅定和珍貴。

說白了，你一無所有，非常輸得起，更敢拚，也更敢搏！所以你出走，你去遊學打工，去澳洲、加拿大、英國幫綿羊剃毛，去果園採水果，只想圓一個出國夢。挺強的啊！一無所有卻勇敢開外掛，你就什麼都有了。

昔日有人逐水草而居，今日有人逐夢而活。你是夢想的牧羊人，也是夢想的趕路人，一步一腳印，立志要接近天邊的雲朵一點點。

現在每一小步，都是為將來更好的自己做準備。追隨你心中的熱情，時時問自己：「這是我想要的人生嗎？」如果不是，要怎麼做、要如何改變，才能往目標靠近。

成功有許多途徑，但「行動」是通往夢想唯一的路。

限制你追夢的，不是你的科系、不是年齡，也不是財力，是你的心。

即使達到了夢想的位置，喜悅往往只有一天，接下來就是新的挑戰，甚至是更大、更艱難的挑戰。

唯有這樣，你才會脫胎換骨，變成一個更好、更強大的自己。

一場心臟病的領悟：心境，決定你的處境

有時候事情的本身沒有好與壞，關鍵在你怎樣去看，怎樣去詮釋。

午夜夢迴，我常想起那一場面試，當時，南部新聞中心的特派記者看著我問：「你想當記者啊？」

我開心地回說：「對啊！」

他似乎想測試我的企圖心還有大腦。「當了記者之後呢？」

我露著白牙傻笑，展現我的意志力，果斷地說：「還是當記者啊！」

他搖搖頭，頗有一種面對無知孩兒，無法言明世間險惡的感覺，嘆口氣說：「記者沒有辦法做一輩子啊。」

「為什麼不能？」無知之人不知自己無知，對於我的問句，他以沉默替代回答。

拚到往生，老闆也只是到你的靈堂上香而已

那是我二十幾歲時的事。到了三十幾歲時，我來到他的年紀與職場高度，懂了他的意思。記者真的沒辦法做一輩子，尤其是電視台記者，因為工時很長、很累，以及流動率高，做個四、五年就是資深記者，同時也來到職涯的轉折點，出路有三種：一、當採訪中心主管，負責調度記者；二、當主播，以美貌跟口條扛起收視率；三、轉行當企業公關，或者出國念書。

我當了主管，薪水多一些，壓力更大了，以前最多扛起自己出包的新聞，現在組上所有的記者出包，稿子是我核准的，連坐處罰都算我頭上。在忙碌中，一晃眼又過了幾年，身體的疲憊度讓我開始有轉業的念頭。

有天滑著臉書，看到一個記者寫她算命的故事，我大感興趣。他們家族認識一位有通靈體質的牛排師傅，她當珠心算老師的姑姑每次要帶學生參加比賽，都先帶他們去吃那家牛排，師傅會根據小朋友的氣場看出最近誰最旺，就派誰去，說也神奇，比賽屢屢得名。後來，記者的弟弟帶女友去算命，師傅直接就對他說：「你女友應該是有浸過ㄟ基督徒，我感應不到。」原來，浸過就有神水護體，不是別的宗教的管區，查謀了。

我一時玩性大起，立刻要了地址前往牛排店，想要體驗通靈的神奇。師傅摸了一下我的手，說：「你是個工作很賣力的人，任何老闆都會很喜歡你。但你太努力，身體已經出問題了。你不要這樣拚。這樣拚能幹麼？拚到往生，老闆也只是到你的靈堂上香而已……」

後續他說什麼，我都沒印象了，倒是那句「拚到往生，老闆也只是到你的靈堂上香而已」，深深震撼了我，太有道理了。

我轉職的念頭更強了。此時，有家人力銀行網站缺公關主管，我面試上了，雖然對媒體業還有熱情，但我也想測試自己公關操作的能力，就揮別電視台，開心就職。

沒想到，我卻適應不良。

從高轉速、高刺激感的媒體工作，轉換成以開會為主的日子，我常常在會議上放空，用力捏自己的手，深怕自己睡著還打呼。

公司的同事好、主管好、工時正常，一切都好——但我不好，非常不開心。我常常打電話給以前的記者同業說：「快點來採訪我一下，讓我出去透透氣！」

對身為網站公關的我來說，接受採訪是重要的績效，我輕易就超標了。繼續積極地受訪，主因是想離開辦公室舒緩一下，因為我太痛苦了！

任職的公司其實有很多優點，但我都看不到，只忙著抱怨，忙著覺得自己很不得了。傲慢蒙蔽了我的眼。

那一年十二月，溫馨的聖誕節即將來臨，在公司奢華氣派的大廳裡，固定會出現一棵高達兩層樓的漂亮聖誕樹，一堆人圍著聖誕樹拍照。我從樓上看他們面帶微笑拍著照，只覺得無聊，非常厭世。

「如果明年我再看到這棵聖誕樹，就揍死我自己。我一定要離職！」我在心裡默默地跟自己這樣說著，這是個承諾，也是對工作不滿的宣洩。

當了一年的網站公關後，我順著心意離職，又回到了電視台。

心臟狂跳，我到鬼門關前繞了一圈

當初離開媒體業時身心疲憊，卻仍抱著滿滿的熱情，所以回鍋電視台後，我每天都很開心，分外珍惜與舊愛重逢的日子。沒想到就在這時候，身體卻開始抗議了——有時突如其來地，我的心臟會莫名地狂跳！看了心臟科後，醫師認為是壓力過大，開了藥給我吃。

藥袋上註明著：**抗焦慮藥**。

我一陣心酸。我是這樣活潑樂觀的人，居然要吃抗焦慮藥！每次吞藥時，我都挺抗拒，只能安慰自己說：「這就像感冒一樣，生病了就該吃藥，沒什麼，不要想太多，吃就對了。」

我不曉得自己的身體狀況是顆未爆彈，就只差引信沒被觸發。

那天是個優閒的下午，我沒有過勞，也沒什麼大事情發生，看著電視牆上的新聞，正準備碎嘴評論個幾句，心臟突然刺痛，左手臂和嘴唇發麻——那短短的一秒，沒有人發現我不對勁，卻是令我非常驚恐的一秒！世界瞬間靜止，瀕死之際，全身僵硬，走過去還是過世去，看神的安排。

幸好，命運之神很寬容，把我從死亡的面前推了回來。在醫師開出預防心肌梗塞的藥品後，我驚覺到縱然很喜歡這份工作，身體可能無法負荷了。

離職容易，問題是：離開後要去哪兒呢？

房貸、生活費、每個月給家裡的孝親費、保險費……每一筆都是壓力。我不忍年邁的雙親替我擔心，日子一定要維持在過去的樣貌，加上公司還在慰留我，我不能聲張自己要離職，這樣太不給人面子；但為了健康，我是走定了。

對我最好的狀態就是工作能無縫接軌，我只好厚著臉皮傳LINE給之前工作網站的副總：「**副總，我的身體有點狀況，我要離開電視台了。你有朋友需要懂公關操作的人嗎？**」

副總很懂世間人情，看出我愛面子，說不出想要再回去的話語。她很有智慧且給我很大的面子，回我：「**我想念你了，回來我這裡上班吧。**」

於是，我又回到網站工作，這次轉當編輯的主管，工作內容與之前的稍有不同，但同事一樣，主管一樣，八成以上的東西都沒變。

然而，我變了。我變得非常非常快樂，每天蹦蹦跳跳地上班！

為什麼這樣呢？最大的原因是：**我的心境變了**。我懂得去看這份工作的美好，常常想著這份工作的優點；也常常對別人說，我非常非常喜歡我的工作，很感謝我的老闆，每說一次，似乎都產生正面的能量與好的循環。

回鍋後第三年的聖誕節前夕，公司大廳又擺上了那棵華美的聖誕樹。我看著它，默默想著：「我希望每一年都看到這棵聖誕樹，我希望能在這家公司做到退休。」

從不想再看到那棵樹，到想要年年都見到，為何差異這麼大呢？什麼都沒變，是我的心境變了。我常覺得，有時候事情的本身沒有好與壞，關鍵點是你怎樣去看，怎樣去詮釋。有時候給一個地方或者一個人多一點時間，多一點觀察，也許就能看到美好的地方。

經歷過這次的轉變，我的體悟是：心境會決定你的處境，轉念，路就寬。

你注視著什麼，你就會看到什麼

最後，跟你玩一個遊戲：**如果我請你抬頭用目光找找身邊黑色的東西，你會發現你將只看到黑色物品，而忽略了其他顏色的存在。負面情緒正如同尋找黑色的東西，在你反覆去抱怨時不斷被放大，吞噬掉了其他的美好。**

我有個同事常常在抱怨工作，直到家人生病，他為了照顧家人請了長假，多日後，家人康復，他重回工作行列，突然覺得能身體健康地上班賺錢，是很開心的事情，工作起來也就特別有勁。

心境就像鏡子，你注視什麼就看到什麼，是好是壞，取決於你看事情的角度。同樣的夕陽，會覺得無限好，還是覺得近黃昏，只在你的一念之間。

自己的前途，自己顧！跳槽找伯樂前的三點評估

你最核心的價值，不是當個人人稱讚的好人，而是「你有實力」。

「某年某月的某一天，就像一張破碎的臉……」小酒吧播放著蔡琴的老歌，阿敏不由得回想起當年離職的心情，**「難以開口道再見，就讓一切走遠……」**那時，他毅然揮別栽培了自己十幾年的老東家，那聲「再見」不僅難開口，更差一點就撕破臉。

時光拉回多年前他離職那天的場面，歲月的水晶球裡浮現出兩個人：一個是阿敏，一個是他的主管江姊。耳邊彷彿傳來盛竹如以低沉的聲音緩緩配著旁白：「十幾年來，阿敏

在這家電視台，從一個小記者一路爬到當家主播的位置，此時，有家新電視台開台，高薪挖角阿敏去當主持人，他內心激動不已，也讓自己走入了職場蜘蛛網。究竟，這是命運的捉弄還是貪婪在作祟，讓我們繼續看下去……」（音樂下。）

一邊是自己如魚得水，早已熟悉如家常便飯的新聞環境；一邊則毫無舊包袱，帶給他開展新夢想的可能。

如此兩難，然而，他終究得做出選擇……

如果顧了情分不走，就是對不起自己

「你要離職？會不會太沒有良心！要不是公司栽培你，你能有今天嗎？如果是去其他大媒體，我會祝福你。去這種剛開台的鳥台，不是我唱衰你，你就會消失在螢光幕前了。你敢走試試看，我一定封殺你，到時候你不要後悔！」

阿敏的主管江姊氣炸了，又是拍桌，又是威脅。過去她對阿敏有多重視，現在她就有多盛怒。

提辭呈的消息傳開後，阿敏從血統純正的國王人馬被貶為叛徒。在公開場合，昔日熱絡的同事都不太敢跟他這個叛徒說話，深怕被歸類為也別有二心。阿敏每天被大家當成空氣，明明存在卻被視而不見，真是度日如年。

播新聞久了，總會有職業倦怠。他厭倦對著讀稿機講話，總覺得自己像一隻穿西裝的鸚鵡對著螢幕向全國的觀眾說：「哇ㄟ貢話。」這隻鸚鵡不但會說話，還是國、台語雙聲帶。阿敏膩了。他想獨當一面，做節目主持人。放眼他工作的電視台裡，主持人的位置早就被更資深的主播卡位卡死了，按字論輩，不知道要民國幾年才能輪到自己。

新電視台捧著三倍的薪水，歡歡喜喜地恭迎阿敏去當主持人，幫他開節目、加薪，還掛上主播與製作人的頭銜，實現了他所有職涯的夢想。

阿敏思前想後，最後告訴自己說：「錢多，位置好，自主性更高。在新公司，我是唯一的頭牌；在舊東家，論資歷，相比起來我還是『細漢』。如果我顧了情分不走，就是對不起自己。」

阿敏最後一天上班那天，他播報完新聞後，江姊買了一大束鮮花，帶著其他工作人員來歡送，場面溫馨。

他在感動之餘，對江姊說：「我很感謝你最後原諒我了，讓我走得更坦然。如果沒有你的祝福，我心裡多少會有遺憾跟感嘆。雖然離職了，還是想好聚好散啊！」

該不該跳槽？以這三點來評估

阿敏走後，他的播報時段立刻補上了人，收視率也沒掉。一家公司從來不會因為少了誰就倒掉。人來人去，如走馬燈般流轉，明天又是新的一天。相比起來，自己的一生，從天上掉下來的好機會屈指可數，錯過了一次伯樂，你這匹千里馬可能就會困守馬廄，得再等很久才能「飛龍在天」。

到底該不該跳槽？在思考的時候，你要有以下這三點評估的原則：

一、升遷發展出現了瓶頸

「升遷」二字牽動的不僅是主管對你是否看重，也將反映在你的薪水結構上——若職務不調升，薪水就會凍結，而愈有制度的大公司，職務層級與薪水是連動的。

當你面對挖角，考慮要不要跳槽時，可先盤點一下自己在公司的薪水和位置是否已到達瓶頸。

如果還有談的空間，提離職時，可以直接提出你的期待；但公司也可能拒絕你，有時候不是公司不重用，而是這個產業已經是夕陽產業了，主管手上沒有資源幫你調薪水，這時你就可以看得更清楚，更明快地做出決定。

以阿敏的例子來說，他想要當主持人，然而，放眼公司的位置已被資深前輩卡死了。相較之下，跳槽到新東家能讓自己多一項資歷，有更多的自主空間，一口氣大躍進，省去抽號碼牌等公司叫號的時間，對他而言，這樣的跳槽是一舉多得，就能放手一搏。

二、產業調薪結構與自己的個性

大家出來工作，說白了就是為了賺錢。**薪水不委屈，上班才有動力。**

企業調薪，有的產業是按照能力表現，有的是齊頭式平等。依能力調薪水的企業以外商較多，不過相對地在砍人時也不手軟；台資企業的調薪幅度少，但也較為安穩。

因此在考量是否跳槽時，除了評估薪水外，也該把你自己的個性列入考量。

例如：阿敏身處的傳播業正是靠跳槽來加薪的產業。菜鳥跳槽三次，薪資就有可能超越從不跳槽的前輩；假如又碰上新電視台成立了大挖角，薪水更是八級跳！如果你是乖乖牌，投入這個產業，在薪水上就比較容易吃虧。

三、學習新技能，增加競爭力，為身價燙金

除了金錢之外，在新環境能不能學到自己想要的新技能，甚至是轉行的技能，也是另外一個評估是否跳槽的重點。

若能學到你渴望的技術，就算在頭銜上、薪水上暫時委屈點，也值得去考慮，因為那是**先蹲後跳，給你一個新的職涯、一個新的發展，增加競爭力。**

如果舊有的技能，可以結合新技能，懷有雙重專業在未來將更有競爭力。「複合型」的人才，身價往往可以燙金。例如：有理工科背景加上法律專業的專利工程師，或是有財經背景加上傳播專業的公關人才，這樣的薪水價碼更好談，也使你更不容易被取代。

能否衝破重圍，就看你有沒有競爭力

阿敏不顧人情壓力決定走人後，在新東家的表現亮眼，穩坐頭牌一哥的位置。世事變化大，當年對他拍桌的江姊幾年後在舊東家失勢，也跳槽來到這家新電視台當主管。兩人相見沒有尷尬，阿敏熱絡地為江姊介紹環境，回報她過去照顧自己的恩情。

職場無絕對，自己的前途，只能自己顧。當年如果阿敏顧了江姊的提攜之情，決定不走人，不僅錯過了更上層樓的機會，幾年後看到江姊跳槽，豈不令人嘔死。

要實現自己的事業夢想，最重要的不是當個人人稱讚的好人，最核心的價值是「你有實力」，累積顧好這一點才是根本。一個沒有競爭力的好人，怎樣也無法突圍勝出。

一家公司從來不會因為少了誰就倒掉。相比起來，自己的一生，從天上掉下來的好機會屈指可數，錯過了一次伯樂，你這匹千里馬可能就會困守馬廄，得再等很久才能「飛龍在天」。

當你自己夠強，還能幫助別人，人脈自然廣博

人脈關係要長久，最好的狀態是彼此勢均力敵，可以互惠互利。

職場上交的朋友很像流水，船過水無痕，離職後只剩在臉書上偶爾點點讚。會繼續保持密切聯絡，一定是因為彼此個性契合，聊得來，情真意濃，就能變成情義相挺的朋友。小香和小麗就是我從職場上撿來的珍貴朋友。

小香是企業公關，非常受記者歡迎，曝光績效穩坐業界的第一把交椅。她經營人脈的方法很有一套。

於公，她深知有很多記者對財經領域不夠嫻熟，她努力進修財經專業知識，可以細細幫記者解說，替記者解決掉痛苦，順勢就能幫公司爭取到媒體曝光，也讓自己成為最權威的受訪者。

於私，她出國時，總會暖心地帶點小禮物回來給記者們，千里之外也送禮，感情自然深厚。私底下，記者們很愛找她一起聚餐，分享趣聞，酒酣耳熱變成了朋友。既然是朋友，就會力挺。有時他們公司的記者會特別沒哏，沒有新聞性，怎麼看都不會有記者到場，但總有五、六位記者會看在與小香的交情，特別過去一下捧個場，可見她做人多成功。

過去我在電視台當主管時，每到中秋節、端午節和過年這三大節日，企業總會請公關開出媒體送禮名單，打點關係，收到的禮品大概有三、四十盒，根本吃不完。不過，人在人情在，人走茶涼。我離開職務後沒了利用價值，昔日往來的企業在資源有限下，自然就不再分一份禮給我，彼此也都能理解這就是職場的遊戲規則。

我離開媒體業的那年，中秋節時僅收到兩份禮品，一份是小香寄來的烏龍茶茶葉，還有一份是另一家企業公關小麗送來的手工麵包。

以前禮品收得多時，根本沒當一回事，隨手便轉送給張三、李四。然而，那年中秋的這兩份禮，特別刻印在我心上。過去收到的山珍海味、龍蝦鮑魚罐頭，送給我的原因是因

為身分，唯有這兩份禮是送給我這個人，太感人了！

當時我在內心默默說著：「小香、小麗，你們兩人以後有事情，都算我黃大米的！」

多年後，認真的小麗在職場卡關，轉換幾次工作都不太滿意。剛好我身邊有位好友苦於找不到專業的行銷人才，我知道小麗很有能力，積極介紹，朋友錄用後讚不絕口。我成了小麗口中的貴人，她很感謝我，殊不知是她當年對我重情義，讓我感動在心，我才會在第一時間想到推薦她。

人生每一次的低潮，不僅是在考驗自己的ＥＱ，同時也會刷去一些朋友。人情冷暖在心中，能一起陪伴走過低谷，就是一輩子的朋友。

深刻情誼的建立是他冠蓋滿京華時，你送上掌聲；他斯人獨憔悴時，你替他點盞燈，送上溫暖。

建立人脈的四大關鍵要點

這是個人脈的世界。要建立深厚的人脈，有四個關鍵要點：

一、不勢利眼，肯幫助落水狗，患難之情最深刻

人與人之間怕的不是付出，而是對錯的人付出，那些感情和恩德如同肉包子打狗，有去無回。

人緣好、人脈廣的人有個特點，就是收之涓滴，都會湧泉以報。

你為人怎樣，大家都在看。周圍的人觀察到你是有情有義之人，自然也願意對你付出，搶著和你當朋友。

在職場上待久了大家都深知，會出賣別人的人，有一朝也會出賣自己，因此看到了一個真心真意對人的傻子，大家都會想撿起來當朋友。**幫助落難、失意的朋友，不僅是建立起你和他之間的深厚交情，也會打動許多身旁的人。**

朋友失業或者轉換跑道時，問候一下他是否需要幫忙，約出來吃吃飯、聊聊天，讓他知道你永遠都在。

陪伴是藥，撫慰對方受傷的心，這種關係才會深厚。

這是個人脈的世界，
你的第一個且最重要的人脈，
就是「有實力的自己」。

二、自己要有實力

人性啊，說到底，最愛的是自己。想受人歡迎，要有「幫助別人」的實力——實力會推升出更多人脈，不斷地提升你自己，讓人想接近你，這是人脈的核心。當你夠強大的時候，機會將如噴泉湧向你，擋都擋不住，人人都想幫你一把。

若你有實力，你的「同溫層」的實力也不容小覷。許多人去念ＥＭＢＡ（工商管理碩士）就是為了交朋友，結識更多厲害的同溫層，透過學校幫你過濾同學的社經地位，讓大家可以強強聯手。

人脈要能長久，最好的狀態是彼此勢均力敵，可以互惠互利。當你很弱的時候，你的人脈也跟著變少了。

龍交龍，鳳交鳳，老鼠交老鼠，就是這道理。馬雲就算跟你合照，你們也不是朋友；張惠妹和你搭肩，你們也不是同掛的，因為你還不是個人物。

然而，馬雲與張惠妹雖然分屬不同領域，卻可能有機會一起把酒言歡。為什麼呢？因為他們都是大咖，交流起來暢快。當他們在談去法國哪邊喝紅酒時，你只能聊屏東的紅豆餅，哪家是正宗。這話題怎麼繼續？當他們在講轉手了幾棟豪宅時，你在感嘆房租一個月

一萬元真貴，話題對不上，只能傻笑，怎麼可能變成人脈。

所以，你的第一個且最重要的人脈，就是「有實力的自己」。

三、做人真誠，才能有好人脈

深厚的交情，一定來自彼此的真心付出，誰都不想和漫天說謊的人當朋友。**誠實是最好的策略，也是最簡單的策略。機關算盡，不如以誠待人。**

我的房仲朋友阿強常說自己的人脈達三江、通四海。為了跟名人合照貼臉書，他常常參加節目錄影，想讓人生跟著沾光。他誇口名人常向他買房，用自信的語氣說著：「歌壇小天后在東區的房子都是我介紹的，翻漲很多倍，賺很多錢。買房找我就對了！我和很多名人很有交情，很常吃飯的。」

然而，阿強深知名人不會單獨跟他吃飯的，因此他常用兩面手法來達成目的。

阿強：「後天晚上聚餐，你可以來嗎？」

何主播：「我當天要播新聞，沒辦法啊！」

阿強：「汽車業的張總會來，很難得。你喬一下，來一下嘛！」

何主播：「這樣啊，張總會到……好，我播完過去。」

一掛上電話，阿強立刻打給張總。

阿強：「張總，後天有個聚餐，你可以來嗎？」

張總：「我有會議走不開。」

阿強：「電視台當家的何主播也會來，你來認識一下，以後會有幫助的啦！」

張總：「何主播嗎？好，我把會議移開。」

阿強靠著兩面手法與不少名人吃飯，臉書上那本「**名人歡喜來相會**」的相簿總會定期更新，吸引了很多讚。這種欺瞞的手法日久被看破，使他誠信破產。那些合照的名人是他的人脈嗎？恐怕連朋友都談不上吧！

四、工作態度佳，人脈自然來

人脈常常來自於你所接觸的客戶及業務合作的對象。

小雲是某個網站編輯兼臉書小編。這年頭，小編的工作包山包海，無論客訴、產品訂購、洽談企業合作到拉贊助，統統都要管。她常笑著說：「我住在海邊——管很寬、很寬喔！」

我在洽談網站合作時認識她的。平常互動往來時，就覺得這個編輯很認真，跟她吃過一次飯後，發現她聰明伶俐，便暗暗想著：下次缺編輯時，就挖她過來。後來才知道，想挖角她的人還有別家網站的主管。

認真工作的人，每個企業都愛，他們身上會閃耀一種光芒，吸引貴人上門。

有很多人以為只要加入了對方的臉書，常常互相按讚、吃過幾次飯，就是人脈。坦白講，那並不叫人脈，只代表你們知道彼此，有點認識。

「讚讚之友」要變成好朋友，除了氣味相投外，核心關鍵是：你要在身處的領域裡是個「咖」。當你在某個產業是頂端人物的時候，大家就會來巴著你、黏著你，機會自然源源不絕。

想受人歡迎，要有「幫助別人」的實力——實力會推升出更多人脈，不斷地提升你自己，讓人想接近你，這是人脈的核心。

別懷疑，上班第一天，你就要設定離職日期

你很清楚這裡是抵達目標的「中點站」，不是你夢想的「終點站」。

「來來來！我們來點唱這首〈白觀音〉（台語），祝福我們阿米啦！噗仔聲催蕊……催蕊……」

卡拉ＯＫ大螢幕上跳出小白點，前輩芳姊走上舞台，開心地唱起〈白觀音〉這首歌，「別管以後將如何結束，至少我們曾經相聚過……」靠夭啦！什麼白觀音，歌名明明是〈萍聚〉。

這是我在宜蘭地方電視台工作的最後一晚，電視台的攝影大哥、助理加主持人一群人

幫我辦歡送會，地點是農田中間的投幣ＫＴＶ。

那是我的第一份正式工作。

得到了夢想的第一枚「銅幣」

當時才二十多歲的我，念的不是傳播科系，卻很想當「傳播妹」。為了跨行搶飯碗，哪裡有機會，我就往哪裡去。記得從台北到宜蘭面試時，人生地不熟的，我拿著地址搭計程車才能有禮貌地準時抵達。

沒等多久，時尚又漂亮的總監走進面試的辦公室，大大的眼睛像是在審視玩具一樣地看著我，問：「你投的履歷是應徵記者，但我們記者都補滿了。現在有缺主持人，你要不要？」

要要要！我要我要！統統都可以，絕對沒有問題！我內心喊了一百個「我願意」，千言萬語最後化約成一個簡單句：「嗯！好，我要。」

總監立刻轉身往樓上走去，俐落地朝我揮手示意，明快地說：「走，到攝影棚試鏡。」

試鏡？那是什麼？她懶得跟我解釋太多，一個口令、一個動作。**要讓菜鳥最快學會飛翔，就是不顧死活地把他推出去，看他如何求生。**

「你就坐上去那個台子，看著攝影機，我喊：『五四三二一，說話！』你就開始說。我沒說停，你不能停。」

聽著她的指令，我彷彿被按下了啟動鈕，滔滔不絕地說著：「我是黃大米，××系畢業，我們這個系念的是公共政策、政治學、組織行為，畢業後可以考公務員，女生可以當官夫人，如果你沒有走這兩條路，你花四年念這些都沒有用喔……」

總監噗哧笑了出來，大概覺得妙斃了，便恩賜地說了聲：「停！可以了。」打斷我的胡言亂語。接著她看了我一眼，點點頭說：「你，很會講話。」

我被錄取了。

上班第一天，我就拿出行事曆，翻到半年後，拿出紅筆在日期上畫圈，寫上「離職」兩個紅字。上班第一天就設定好離職日，一開始就準備道別，因為我很清楚自己是來「拿資歷」的，這裡不是我職場的終點站。

我遠從台北搬到宜蘭，是不讓自己因為「非本科系」被傳播圈刷掉。如此決然的理由只有一個：我要圓記者夢，我怎樣都要到全國性電視台當記者。

在宜蘭上班的日子很開心，主管很嚴格、很會罵人，但同事們之間有很深的革命情感，沒事時，大家喝酒、吃飯配閒話，日子好愜意。然而，即使身處這麼好的環境，也沒

有讓我延後離職的日期。我像是要偷寶藏的海盜，拿到手就走，此地不宜久留；拿到這份資歷之後，我得快點去拿下一份資歷。

在異鄉孤獨地活著，感受寂寞的無邊無際，但這些沒有動搖我為了夢想繼續付出努力。那時，我常坐在小套房前的樓梯口，攤開空空的雙手，想著：「**有了地方電視台這個資歷，等於拿到一枚銅幣，我要拿銅幣去換銀幣，再拿銀幣去換金幣。**」

「以物易物」這個古老的交易方式從來沒有過時，我早早就悟出，**這世界的遊戲規則是「以小名牌換大名牌」**。要快速收集到足夠的企業品牌與資歷，必須策略性地設定離職日期，一秒都不浪費，這是圓夢的節奏，也是自己企盼成功的奏鳴曲。

我真的照表操課，在預定的離職日接近時，送出了離職單。

「你知不知道現在外面環境很差，你出去可能會找不到工作？」總監看著離職單，淡淡地說著，關心與唱衰兼具。

我點點頭說：「我知道，謝謝總監的照顧。」

瀟灑地說再見。離開是為了成長。成長，是在沾滿不安、未知、出走和歸零的泥土中，等待養分俱足，開出芳香撲鼻的花。

「夢想的銀幣」在閃亮

搬回台北後，我每天丟履歷，一起床就上人力銀行網站去看哪家電視台開了記者的職缺。然而，丟出去的履歷卻像是丟到黑洞裡，連個回音也沒有。我手機不離身，深怕錯過通知，錯過幸運降臨。可是手機始終好安靜，我懷疑它壞了，還用朋友的電話撥打給自己——沒壞啊，鈴聲很大呢！

電話一直沒響鈴的主因，是沒有公司要用我。

晚上無力感來襲，又是沒消沒息的一日。我變成一灘泥似的躺在床上，眼淚自動自發地從眼角流下。「為什麼沒人要我？為什麼沒人要我，我真的很努力耶！」沮喪是所有情緒的總和。想一圓夢想，真的需要極大的毅力。

「撐下去，撐下去。繼續找，繼續找……」我給自己打氣，對家人則是報喜不報憂，南部故鄉的爸媽都以為我在台北過得很好。

機會總會來敲門，只是需要耐心，等待它慢慢跑來。它真的來得比烏龜和蝸牛還慢啊！

有一天，我的手機終於響了，如同天籟。「我們是××電視台政論節目的製作單位，

你有丟履歷，對嗎？」

天啊！是××電視台耶！我心臟狂跳，連忙說：「對對對，我有丟履歷。」我很需要大電視台的資歷，要我做什麼都好，那是一枚銀幣，我要拿到它。

電話那頭的人以非常冷靜的聲音接著問：「你是傳播科系的嗎？」

又來了，又要因為不是本科系而卡關了嗎？希望的火在減弱，我怯生生地說：「我不是。」

她似乎還想給我一點機會，又問：「你有認識政治人物嗎？」

希望的火逐漸熄滅，我尷尬地說：「沒有。」

她再問：「你有發過通告、敲來賓的經驗嗎？」

希望的火滅了。我吸了一口氣，絕望地說：「沒有。」

沒有連三發，一問三不知，任誰也不會想用我。

她明快地說：「好，再見。」

不——不要再見，不要收電話！我搶在她掛斷電話前，慌亂又急切地說：「我知道你們剛開台，很缺人，有總機缺嗎？工讀生缺嗎？我都可以，我都可以，我真的很有興趣。」我沒有逗點也沒有停頓的說出這一串話，一如被宣判死刑前的掙扎。

電話裡傳來她的笑聲。「都補滿了。再見。」

機會曾經近在咫尺，瞬間又回去天涯——那麼近，卻也那麼遠。四周光線暗了，前途無光，心茫茫。我突然爆哭，趴在桌上嗚咽，心痛而失語……

機會會走，機會也永遠會再來。兩天後，電話響起，來電顯示又是××電視台打來。我接起電話，像是鬧劇一樣，同樣的聲音、同樣的台詞說著：「我們是××電視台政論節目的製作單位，你有丟履歷，對嗎？」

我的熱情在上一通電話被消磨殆盡了，冷靜地說：「對，我有丟履歷，你前幾天有打來。」

對方困惑地接話：「我說了什麼？」

我像是向老天爺借了膽子，鼓起全身的力量，把這陣子失業的壓力、夢難圓的焦慮及幾天前被拒絕的打擊，一口氣爆開丟向了對方，惱怒地說：「你說你不要我！我告訴你，雖然我不是本科系的，沒有認識政治人物，沒有發過通告，但你們××電視台的招牌這麼大，還怕沒有人去上節目嗎？政治人物上節目是因為你們招牌大，不是因為我！」

上氣不接下氣地說完了，洩了氣的我抓緊手機，無依無靠。空氣一片靜寂，電話那頭的她應該被突如其來的這頓嘶吼嚇到了，安靜幾秒後，她像是想賭一把地說：「你來上班吧！」

喔耶！我得到工作了，這份製作助理的工作是我「罵來的」。

製作助理的薪水僅有兩萬三，節目在高雄製作，我又得從台北搬家。但我不介意四處奔波，我要拿到「夢想的銀幣」——在大電視台的工作資歷。

我辭掉所有家教跟兼差，放下了月收五萬元的日子，往夢想的路上飛奔而去。但我也在上班第一天便翻開行事曆，設定好一年後要離職。

預先設定離職日，讓「金幣」到手

那些年，我對每一份工作都敬業、認真，在職場上口碑良好，卻也始終保持一份「姊只是路過」的灑脫。**在終極夢想達成前，永久居留是浪費時間。**在這麼拚的情況下，後來當然順利拿到「金幣」，一圓記者夢，天道酬勤，合情合理。

上班第一天就設定離職日期，對於想追夢的人來說是有許多好處的，這可以從三個角度來看。

一、你進這家公司圖的是什麼

做人可以傻氣，職涯不能傻幹。選擇一家公司的某個位置去任職，要思考這個職位對於你往下一步有什麼幫助，是否讓你更接近理想人生一點。

公司能給予你的東西大概有這幾項：

（一）**金錢**：圓夢的路上，第一份薪水大部分都不太多，一來你還年輕，年資少又缺乏專業能力，薪水自然不高。既然不管哪一行給菜鳥的薪水都不多，何不選擇做自己想做的事情。若是困在雞肋般的工作中，沒賺到錢也沒賺到開心，就太傻了。

倘若公司給你高薪，那你是否要捨棄夢想？這決定很個人化，但有種評估的方法：**請把薪水與夢想拿出來放在天平上秤一秤，讓數字說話**。例如：用月薪四萬元買走你的夢想，你會不會不甘心？

（二）**專業技能**：學非所用已經是常態了。我有個朋友從事勞工安全管理工作，大學念化工的他，所有工安的相關證照與專業技能都是上班後才學會的。我採訪寫作的能力，也是電視台訓練的。

如果工作上可以學習到圓夢的技能，就頗值得考慮。每個職位需要的專業技能不同，你只要學自己想學的，並且學精、學好。別在同一時間奢想學太多東西，因為一個人的時間和體力都是有限的資源。**你需要能決定什麼才是最必要的關鍵學習**。

（三）**履歷鍍金**：大品牌的企業可以讓履歷鍍金。如同我之前說的，這是個「名牌換名牌」的世界，你的履歷有大公司的加持，將讓你更有機會往頂尖企業邁進。

每年都有「大學生最想進去的企業」調查，這些入榜的企業。薪水給得不一定高，甚至可能低於業界行情，每天很操、很累。為何大家還要擠破頭進去？因為履歷上有一、兩家大品牌公司的資歷，等於拿到了職場任意門，方便你未來穿梭各企業，資歷豐厚後，主客易位，換成你來挑公司，也將有助於夢想的實現。

至於實現夢想後，你要不要繼續待在大企業，那就不一定了，**生涯規劃要隨著年齡、心境與體力，產生階段性的轉換**。總之，拿著一、兩張大企業的護身符，想衝刺時可以更上層樓；想休息時，也會有適合養老的地方，讓你的日子平安過。

當你年資尚淺時，進入一家公司，很難把前面三項一次集全。你該思考的是在逐夢的路上，最先要拿到的是什麼。夢想往往不是一步就能到位的，大部分都是逐漸接近，一邊接近，也一邊調整腳步與目標。**夢想，是逐漸校正的過程。**

以我自己的例子來看，去地方電視台工作，是為了讓履歷表能寫上電視台的媒體資歷。公司雖然不具備高知名度，但是在產業的專業訓練上與大電視台幾乎是大同小異，學習到的專業技能在後來也派上了用場。後來跳槽去大電視台，是為了讓履歷鍍金，有第一家全國性媒體的資歷，將有助於我往更大的電視台邁進。雖然這兩份工作都不是當記者（前者是節目主持人，後者做製作助理），但是到第三份工作時，我就順利當上記者了。

我的夢想逐步到位，人生從沒有白走的路。

別只是日復一日地傻傻上班，要知道自己為何而來，為何而走。公司是用來讓自己賺錢與成長的地方。要當個有企圖心的圓夢人，為自己的夢想而工作。

不要抱怨公司把員工當免洗筷，你也可以把公司當即可拋。千萬別忘記，你可以掌握選擇權，不喜歡一間學校都可以轉學了，為什麼換個工作要覺得為難。職場是拿勞務或者專業交換金錢，擁有愈高利用價值的人就能換到愈多的錢，這是一樁很單純的買賣。

公司就像超商一樣，裡面的貨品（職位與專業技能）很多，你不可能全部買走，帶走自己想要的就對了。甚至你該把自己當作一家公司，大腦和身體該有什麼裝備、怎樣的功能性，才能變成搶手的變形金剛，這才是你每次轉換工作時該思考的課題，功能性愈多元，競爭力也愈高。想想看：如果哆啦A夢的口袋只拿得出一樣法寶，那只畫一集就沒戲唱了。

二、給自己時間壓力

當學生時，每逢大考，考前兩、三天的閱讀量與讀書效果最好。為什麼呢？因為時間壓力倍增，分分秒秒都不能浪費。**壓力可以使人成長**，**壓力能夠讓人大躍進**，**壓力足以把木炭變鑽石**。上班第一天便設定離職日期，就像是在給自己設定期末考，在離職日到來

前，要把握時間去學會專業的技能，無論是跪求前輩教導或熬夜學習都不會覺得苦，因為**姊加的不是班，是在練功，是在讓自己翅膀變硬，時間一到，展翅高飛。**

三、有助於適應能力變強，人脈增廣，不捲入派系

上班第一天就設定離職日期，會讓你有一陣子處於常常跳槽的階段，對環境的變動有很高的適應性，一如游牧民族，無論遇上高溫、高寒或酷暑等天候變化，都能活得好好的。**勇於接受挑戰的人，整個世界都是他的舒適圈。**

在人際關係上，則有助於讓你擅長四處認識朋友，交朋友的能力大增。一如你去海外遊學，雖然心知肚明這是短暫的交會，但也因為你無意追逐公司的升遷，不會捲入公司的派系糾紛，黑派、白派皆朋友，跟誰都無利害衝突，人緣自然好。反之，如果整間公司的同事都看你不順眼，你也不會太痛苦，畢竟你深知自己只是短暫停留，離職後便老死不相見，也樂得相安無事，少了情緒上的糾結。

我僅僅在宜蘭工作半年，迄今仍與當時的幾位同事聯絡。後來朋友到宜蘭玩，我是最好的導遊，因為在那半年期間，同事們帶我四處跑、四處玩，真是賺到資歷、賺到錢、賺到朋友，還賺到遊山玩水。

你聽從自己內心的呼喚，努力去做，
活在那樣熱血的單純之中，就是幸福。

夢想，是你全身的細胞在跟你說話

記得剛從宜蘭搬回台北的那段日子，我靠兼差度日，接家教、接外稿，還有在電台打工。家教學生很多，鐘點費也不少，接家教是為了錢，**做不熱愛的事情，錢要拿得多一點，才會願意忍。做喜歡做的事情就可以不計較錢**，電台打工一小時一百元，寫外稿一個字一塊錢，難賺死了。但為何我還要做？從事媒體業的兼差，我看的不是錢，而是為了累積資歷，博取有一天被看見的機會。

以我那段集銅幣、銀幣和金幣的歷程來看，關於追逐夢想，有三個重點想跟你分享。

一、逐夢有什麼條件？你夠喜歡、夠愛就可以

為什麼我這麼想當記者？應該是因為我喜歡記者的生活型態，可以一直接觸新事物，工作中不斷在學習，以及我相信世界上還是有公平、正義，我想要透過自己的力量，實現一點點這樣的理想。

縱然可以說出「為什麼喜歡」的粗淺輪廓，我卻無法解釋很深層或者全面的原因。最強烈的動機其實是「細胞的吶喊」——夢想是你全身的細胞在跟你說話，然後以一種隱形

聲控的力量，要你去拿。

逐夢的條件是什麼？只要你夠喜歡、夠愛就可以，就會有擋都擋不住的動力，半夜墓仔埔也敢去的勇氣。

你聽從自己內心的呼喚，努力去做，活在那樣熱血的單純之中，就是幸福。

二、圓夢的過程有什麼堅持？你不能跟家人說苦

走不一樣的路，家人很可能會反對。

世界變化得太快也太劇烈了，父母能理解的世界是過去的世界，而你看到的是未來的世界，所以父母無法理解當個YouTuber為什麼可以賺到很多錢，無法懂臉書直播為什麼有利可圖。

當你走一條人煙稀少的路，那美麗的風景無人知曉，那是藍海，也是大利益之所在；你很清楚，但家人無法理解。所以**在逐夢的過程中，你只能報喜不報憂，絕對不能喊苦，一喊苦，家人就會要你打退堂鼓，平添阻礙。**

我在當家教老師的時期，月收入約五萬。後來去做製作助理的月薪是兩萬三，生活品質大大下降，從買一雙鞋子四千元不肉痛的大小姐，變成買一罐兩百多元化妝水還貨比三

家的小資女，精算每毫升是幾塊錢。日子苦不苦？我不覺得苦喔！那時有一種自己正在往夢想的目標前進的奮鬥感，充滿了希望。有夢，喝水也會甜。

當製作助理期間，節目錄影完，晚上七、八點下班是正常；趕錄影存檔時，就算十點下班也不意外。當時我住在高雄老家，南部的上班族都五、六點就下班了，我媽媽常念說：「你那規工攏ㄟ加班，是勒變蝦夢，做到加艱苦。」我都笑笑地說：「謀啦！上班金趣味，攏勒七逃。」

我的家人都是公務員，他們一生都只做一份工作，無法理解為什麼我常常在換工作，賺的錢又少。我在工作上遇到了任何不如意，都不會跟家人說。

他們是什麼時候開始認同我的工作呢？當我的薪水達到一定的水準時，他們就安心了，也會跟街坊鄰居說女兒在電視台工作。我終於成了他們的驕傲。

追夢的路上，日子苦的時候，跟朋友聊聊，抒發情緒，互相打打氣就好。向家人訴苦想討拍取暖，只會得到更多碎碎念與嘮叨大轟炸，你要練習閉嘴，堅定腳步，努力往前走就好。

沒成功前，你是傻子，傻子說什麼都是傻話。

成功之後，你是天才，每句話都是獨到的見解，不得了的才華。

三、追夢的路上有什麼阻礙？唱衰和打擊是必然

去翻翻名人傳記，會發現每一個看似光鮮亮麗的人，都經歷過很多被嘲笑與掙扎的階段。蔡依林曾經被嘲笑胖，甚至被評為十大爛歌手之一，周杰倫被說唱歌像含著滷蛋，剛出道的他們，一定也都很難過吧！J．K．羅琳的《哈利波特》被英國十二家出版商拒絕過，生活困頓，領社會福利補助過日。看看前人，你會了解在追夢的路上，被打擊是必然，低潮和唱衰是通往成功的前哨站。

失敗是一個篩子，淘汰掉了意志不堅的人。**故事若中斷在失敗，結局就是唏噓；相反地，拼死都要達到成功才肯畫下句點，寫下好結局，就會贏得掌聲。**

> 別只是日復一日地傻傻上班，要知道自己為何而來，為何而走。公司是用來讓自己賺錢與成長的地方。要當個有企圖心的圓夢人，為自己的夢想而工作。

三十九歲當科技大廠總經理，他說：「我沒有夢想，我只追逐有趣。」

努力與膽識是你無法靠爸、靠媽時，最好的靠山。

「我沒有夢想啊！我真的沒有。」阿勛這樣說時，我呆掉了。「你們的夢想是那種一輩子的追求。**我真的沒有什麼東西想追求一輩子。我只想著三到五年，我要追逐什麼。我這輩子追的東西都要『有趣』，至少是我覺得有趣。」**

他是我們大學班上成就最高的人，三十九歲當上科技大廠的總經理，在科技業的第一個履歷是董事長特助，第二個履歷就是總經理。他的個性非常務實，像環遊世界這種夢，他是沒有的，但成功人士，口袋裡不是隨時都有一本「教你第一次實現夢想就上手」的話術小本子嗎？可惡！他居然沒有。

阿勛的厲害來自他的年輕、他的頭銜，也來自他待的集團屬於世界級，是那種如果公司不小心倒了，台灣的GDP（國內生產毛額）就會下降不少的那種等級。

「你又不是念理工的，怎麼敢接科技廠的總經理啊？」我直白地問他。

他沒有富爸爸、貴媽媽，大學時代租破舊小套房，騎小摩托車。他也沒有留英、留美之類的，半口洋墨水都沒喝，拿的是私立大學文法商學院畢業的文憑。

「**老闆敢要我接總經理，我為什麼不敢？他都不怕了，我怕什麼。**無論如何也多了一個總經理的資歷，怎樣都不虧。」

公司人才濟濟，同事們對新事業體卻步，對沒碰過的東西感到懼怕，紛紛躲避，深怕被放去要肩負開疆闢土大任的冷衙門。

我問：「其他人呢？你們公司有滿坑滿谷的科技人才，他們呢？」

「他們不敢啊！他們因為太了解科技業，只想到這個新事業體萬一失敗怎麼辦。**我沒想過失敗，我只想到可能！**」

簡短幾句話就看出他的氣魄，當下我笑了出來，心想：真有你的！

過去每個階段的努力，都是現在的根基

雖然隔行如隔山，可是在山與山之間或許有條捷徑。你爬著人生的高山，可能會遇到泥濘歹路，也有可能遇到快速道路，但你總是要努力爬、認真爬，才有機會被看見。

阿勛職場的轉折點在某次的提案。他原本在廣告公司，到科技大廠比稿，別家公司只是不斷強調數字的提升，唯有他還幫客戶兼顧了行銷與策略，思慮的周延與獨特的策略讓董事長眼睛一亮。之後，他的每次提案都不是提案了，而是一場又一場的面試。經過八次提案之後，董事長找他當特助。

機會一如陽光，曾經灑落在所有去提案的人身上，但只有阿勛靠著過去在廣告公司累積的深厚實力，聚焦了老闆的眼光，拿到更上層樓的鑰匙。

十年磨一劍，過去每個階段的努力宛如一塊又一塊往上疊起的磚塊，每一塊都是根基。一如童話故事「三隻小豬」，唯有一步一腳印，認真用磚塊蓋房子的小豬，在時間的考驗下屹立不搖，也印證了努力與膽識是你無法靠爸、靠媽時，最好的靠山。

回首一切，他懇切地說：「**一輩子最難得的是『機會』，你要抓住它，你要跟它賭一把！**」

科技集團的龍門打開了，但是魚要躍龍門，頭過了，身不一定過，之後的戰場猶如水

中魚要爬上岸，艱難的冰山，深不可測。阿勛務實地說：「每個位置都有它的難。如果我繼續走原本的廣告業，大概百分之九十都能掌握；換到科技業，我能掌握的就只剩下百分之五不到，底下的冰山是百分之一百二十或百分之兩百，我完全都不知道。」

跨行之路，難如上青天。難在要將冰冷的產品變得溫暖可親，還得讓產品隨著市場與時俱進。而「市場在哪」更是未知的難處。

尼采有句名言：「打不倒我的，終將讓我變強。」第一次的產品發表會，阿勛猶如將軍上戰場，出門前對老婆說：「這次的活動如果成功，我會在職場上跳好幾階，就算失敗了，我也只是回到原本的地方，幾年後回頭看看，也不過就是一次失敗。所以我寧可冒險，也不能錯過一次好機會。」

在發表會上，他揮別科技人的死板板，不以艱難的數字呈現產品，改用噱頭去吸引媒體的目光，打動了潛在客戶上門。活動結束後，很多人打電話向他們購買產品。阿勛讓老闆第一次感受到市場的動靜，成功站穩了第一步。

「你的策略好靈活啊！」我打從心底佩服老同學。

他笑著告訴我：「**過去專業能力的打底會影響你一輩子。**其實科技業到最後也是思考人的需求、人的互動，這和廣告業是相通的。」

頭銜或年資皆可拋，唯有前進的腳步不能停

我想多聽他聊聊換跑道的心得。

「在我跳槽之前，已經有四個廣告業副總的缺來挖角，沒去是因為那些位置沒意思。我願意跳槽是覺得這家公司的產品很有趣，很吸引我。**我對工作考量的點只有一個，就是自己想不想做、感不感興趣。至於工作量多大，我完全不在意，這是快速成長必經的過程。**」

阿勛不追逐夢、不追逐頭銜，只追逐「有趣」。他像是在玩拼圖，每三到五年審核一下自己還缺了哪一塊，缺了就想辦法去拿。離開任何一家公司，他都不貪戀位置、頭銜或年資等，這些乃身外之物，可以月拋，也可以日拋，唯有前進的腳步不能停。從他大學時期打工的選擇，就能看出這項謀略。

大二時，同學們打工都去速食店，他卻選擇當大學校園報的行銷，四處拜訪客戶拉廣告、辦活動，明明還是學生，卻裝出大人的模樣四處提案，使他比同年的人早熟，也更早看透了職場的遊戲規則。

「很少有公司願意花時間和成本栽培新人，大家都想要撿現成的。」他搖搖頭說。但也因此，大學畢業後，當同期的新人面試時還在說：「我很願意學。」他卻已經可以秀出成品，對企業來講當然高下立判，他才剛畢業就無縫接軌地得到在公關公司的工作，位置和起薪都很漂亮。

然而，對不安的靈魂來說，舒適是種折磨。在公關公司掛上經理職務時，他不是喜孜孜地慶祝，而是看到了自己發展的侷限。「這位置沒有資源。所謂資源，說白了就是可以運用的錢。我想要玩大錢、大預算，一個簽名下去是幾千萬、幾百萬預算的，這是格局，也是高度的訓練。廣告代理商手上有很多預算，錢的味道很濃，所以我願意跳槽過去，從最基層的專員做起。」

到了新環境，阿勛投入最大心力，並且撿別人放棄或不敢執行的高難度屎缺來做。「我不怕屎缺，只怕涼缺，很多屎缺其實都是很重要的崗位，願意接下來，一來是想磨練自己，二來老闆會看在眼裡，感謝在心裡。總之，就是**別人想躲的事情，我來做！**」

我也深有同感地點點頭。

在廣告代理商工作的時期，阿勛年年調薪，同期的同事都好羨慕，卻沒人去思考他換了幾家公司，幾乎都是「降薪跳槽」。

像阿勛這種表現出色的職場戰將，願意降薪跳槽，當然是個謀略。獅子為了拿下獵物，蹲身緩步前進，等待那瞬間加速度百米地猛然飛衝，一口叼住肉的快感與勝利感。

果然被我料中，阿勛說：「我從不看一時的。」

他不看眼前的薪水能不能有十萬，他要的是將來能不能有一百萬、一千萬。說白了，他要的是未來每個月能在戶頭看到下錢雨。野心長在骨子裡，談話時，他獅子般的利爪全張開。

錢不髒，錢是站穩社會地位的籌碼。「四十歲以前追逐錢，我認為是很正確，也是容易被肯定的。」他突然嚴肅地告訴我。

攀上人生高峰的三大重點

從公關經理、香港廣告代理商小專員、小廣告公司副總監到科技集團總經理，幾個資歷的高度都不同，大公司和小公司，他也都待過。

「我在大公司時就在想：是我很厲害？還是公司的牌子厲害？所以我要測試一下，轉任到小不啦嘰的廣告公司時，校長兼撞鐘，從客戶開發到接案統統都是我，好處是能夠看到全貌。頭銜大不一定好啊！我以前頭銜小的時候面對客戶，不想同意時就說要回去問問主管。現在我都掛到總經理了，再拿這句話出來擋，不就很怪了嗎？」

阿勛常在搭捷運時想著：我現在是科技集團的總經理，每天還是搭捷運上、下班，跟大家沒有什麼不同；唯一不同的是現在待的公司很大，**是大家看我的角度不同了。**

阿勛是我們同學間的傳奇，也是話題。聽他聊著往事，我突然可以理解他超越同學們的原因。他對待自己像是靈魂出竅般，站在一個高度，冷眼審查自己每一步的前進，帶著腦子微調每一次的進退，直到抵達目標為止。

「你的這些經歷實在太『有趣』了，分享出來的話，可以幫到很多年輕人哪！」

聽我這麼講，他爽快地說：「好。那我接下來說的這三點，你要特別註明，讓讀者們拿出螢光筆，打上星星做記號。」

以下就是阿勛歸結出自己攀爬人生高峰的三大重點。大家請拿出螢光筆畫線！

一、觀察力

無論是對於客戶或主管，都要能觀察他們的言行舉止、行為與思考模式，去推測出他們的需要和想法。**在他們還沒開口前，搶先一步抓住他們要的東西**。如此一來，對方會對你的觀察力及敏銳度大感驚豔，對你留下深刻的好印象。

二、人脈

人脈不是僅侷限在你的主管或者同事，也很可能是你的客戶。阿勛就是去向客戶提案時被挖角。有時，他內心會冒出一個聲音說：「如果當初我是丟履歷應徵，應該不會被錄取，因為在白紙黑字條列式的履歷上，絕對沒辦法展現如變色龍般可隨環境應變、解決問題的能力，錄取的可能性自然大大降低。」

人脈無所不在。**在經營人脈時，不要急著去判斷這個人對你是否有益處，世界很小，你無法預料何時會需要這個人的幫助。**

三、好奇心

隨時保持一顆好奇心與開放的態度，對任何事情都要勇於去認識、去嘗試。阿勛從小的廣告公司到大型科技業集團，就是受到好奇心的驅使，想看看這麼大的公司如何運作，也想知道外面的世界有多大。

掌握這三點，你不見得可以當上總經理，但可以確定的是，一定可以讓你成為自己人生場域中的紅人！

有些人天生不適合婚姻、不愛小孩，在追夢中找到自我價值

這是卡位戰，戲棚下的人站久了就能粉墨登場，上台當台柱。

「播報新聞一節領三百元，比我大學時兼差當家教老師賺的還少。」

小涵傳來的訊息無奈地道出了新聞菜鳥的辛酸。

她從小的夢想就是當電視新聞主播，沒想到碰上電視圈不景氣，主播的薪資大貶值，價碼簡直倒退回盤古開天時期，從過往年薪三、四百萬的等級，變成兼職播報費一小時只有兩、三百元。昔日前輩們是滿漢全席吃得滿嘴油亮，等輪到小涵來追夢時，桌上僅剩清粥小

菜，只能暖胃，不能暖心。倘若你嫌棄不想吃，後面還有一堆正妹的菜鳥記者想搶來吃。她自嘲說：「你以後乾脆叫我『三百塊』，或者『不三不四』好了。」

自嘲歸自嘲，轉業的念頭卻沒在她腦中浮現過。一個月的薪水加上播報費也有七萬多元，比上不足，比下有餘。

小涵是兼職主播。所謂兼職主播就是平常當記者跑新聞，假日播報。遇到播早上六點的晨間新聞，她得像公雞一樣勤奮，清晨四點就起床出門。

台北的冬天濕冷到穿什麼都不暖。有一次聊天時，我問她，「在寒風刺骨中騎車趕六點，只為了一小時賺三百元。這划得來嗎？」

「當然值得啊！」她回答得沒有絲毫猶豫。這是卡位戰，戲棚下的人站久了就能粉墨登場，上台當台柱。

不過，主播也是人，也會睡過頭，加上騎車狀況多，風雨生的不是信心，而是滿滿的意外！路邊「犁田」的痛總會有，膝蓋破了皮得繼續騎。

及時趕到現場卻來不及化妝，有時先上個底妝就上去播了，等廣告時再補妝——這個廣告補腮紅，下個廣告補眼線、裝睫毛……隨著時間過去，妝容愈來愈完整，等播到「感謝你們收看這節的整點新聞時」，剛好完妝，最美！

「播晚上六點的新聞是我的夢。等到那天，我會成為名人，薪水會翻很多倍，所有的努力都會回本的。」

小涵的事業心很強，也很有毅力，無論如何她都要圓夢——成為電視台的當家主播。只是要爬到這個位置，有命，也有運。她的大運還沒到，考驗就先來敲門了。

婚姻和事業，能否兩全？

小涵和先生阿庭是大學同學。阿庭在科技業任職，一路支持、陪伴她。兩人結婚時，小涵就跟阿庭講白了——不生小孩。

一來，她天生不喜歡小孩，與生俱來地討厭，就像有些人討厭吃茄子、有些人怕狗一樣，說不出為什麼，卻很清楚自己就是不喜歡。

二來，她知道自己熱愛的這份工作不太適合生小孩。怎麼說呢？她看多了生孩子請產假回來，主播位置就被其他人搶走。加上主播是靠外表吃飯的行業，小涵顧慮著說：「萬一懷孕後變胖，我也就毀了。上次有個主播生完後，怎樣都瘦不下來，就被調去當節目製作人，往幕後發展，我不想要那樣。」

小涵工作忙，老公阿庭也不遑多讓，兩人加班的節奏差不多，不過講到生孩子這事情，看在婆婆眼裡，總覺得都是小涵的責任。

阿庭本來很力挺妻子，可是隨著時間過去，看看同事們都有了小孩，他的態度逐漸動搖了。加上婆婆希望他們傳宗接代的壓力愈來愈大，每次家族聚餐，婆婆總是頻頻追問生小孩的進度。

婆媳關係緊張，婆婆的話也愈講愈難聽：「不會下蛋的母雞，我們是娶來幹麼啦！」「我都幾歲了，還能活幾年。阿庭啊，我要抱孫子，我不要你娶回來一尊菩薩供奉在家裡拜。」

這些話任誰聽了都會怒火中燒。婆婆貶抑小涵的工作價值，每句話都像冰塊砸過來，讓她一臉冰霜，彷彿不生小孩就不是好媳婦。阿庭勸她多體諒媽媽年紀大了，不要計較，夫妻關係降到了冰點。

每個人有自己的快樂來源

再見到小涵時，她已恢復單身了。

「驗孕棒出現兩條線時，我臉上一定是三條線。我沒有喜悅，只有恨意，覺得人生支離破碎到連子宮都不是自己的。」

小涵說，那時她堅持要拿掉孩子，但手術需要丈夫阿庭簽字。阿庭同意簽字，附帶條件就是小涵也要肯簽字——離婚。

在離婚協議書上簽名時，她想著：「當初婚禮籌備兩個月，找了一堆政治人物來證婚，離婚卻只花了一小時就搞定，人生還真是常常在瞎忙。」

婚姻的表面是愛情，骨子裡則是犧牲、奉獻與妥協，雙方縮小自我，求取大家圓滿。如果你是很自我、很有個性、很愛工作的人，就比較不適合這個制度。**單身、同居或只談戀愛都是好選擇，沒有必要在婚姻裡面纏足，走得顛簸腳又痛，只為了安身於社會制度。**

離婚當天，小涵照常播報。她熱愛她的工作，在工作中找自己的價值、存在感。很多人都覺得小涵是工作狂，她自己也承認，但那是她快樂的來源，勝過結婚、生子。

「我走了一趟婚姻之旅，發現自己不適合這個旅程，不繼續跟著大家團進團出而已，沒有什麼。」

幾年後，小涵發現要當上晚間六點的主播真的太難了，於是轉業去大陸做生意，年薪衝破了四百萬元，在北京、上海和台北都分別買了樓。她的成就感不再來自於播報台上的露臉，而轉為財富數字的累積。

聽她聊起身邊有穩定交往的男友。「那你要結婚嗎？」我問她。

「不了！」她急忙揮手，有一種「一朝被蛇咬，十年怕草繩」的神情。

聽故事的你，或許想知道前夫後來如何。小涵說，阿庭在離婚沒多久後就再婚了，新的人取代她從前的位置，生了兩個小孩，一家幸福。

她熱愛她的工作，在工作中，她找到了自己的價值和存在感。

當紅主播為愛辭工作！愛情，能當成人生大夢嗎？

把自己的夢想寄託在別人身上，只會讓你受委屈。

「美女的眼中是沒有其他美女的。」小珊自信地說著。

這位名校畢業的高學歷正妹，從小有一堆追求者。她有一個玻璃罐放滿了搭訕的紙條與小卡片，每張文情並茂的卡片都是炙熱的暗戀，每個封存在瓶子裡的騎士，都在等待被公主多看一眼。對小珊來說，這是炫耀瓶，縱然低調地放在房間角落，卻是珍藏的寶物，罐子裡一個個青春男子的愛戀，都在替她的美貌背書認證。

小珊的美很脫俗，加上口條好，她走入電視台新聞部的第一天，精緻的臉龐便讓其他女同事們議論紛紛——太具威脅了。人生勝利指數八十分。

別人想當主播要等時機、要求主管，小珊不用，那張中了基因樂透的臉蛋讓她跑新聞不到半年，便以豔冠群芳之姿被保送上了主播台。對外受訪時，她總會甜甜地笑著說：「我還是很喜歡跑新聞。雖然未來的職務主要是播報，但是只要有機會，我還是會到第一線採訪。我覺得一個好的主播絕對不是一台讀稿機，採訪經驗的累積是很重要的。」

可是後來，她沒再跑過新聞了。有一次選舉時因為記者不夠，主管希望她支援採訪，她怒了。「都沒人了嗎？幹麼要我去採訪啊！」

就算是花瓶主播又如何？新聞播報得很好，這樣就夠了。

愛情，才是她人生唯一的夢想

電視台的大主管很滿意，小珊也愈來愈紅，在新生代主播中的人氣極旺，氣質顛倒眾生，三不五時就有富家公子哥送花到電視台。

小珊根本不在乎這些，她常常笑著問大家：「有沒有同事等等下班要去看病或幫人慶生的？這束花誰要？送你們好嗎？」花落誰家呢？公司的大垃圾桶。

原來她當主播只是為了滿足家人的虛榮心。小珊沒有事業心，愛情才是她人生唯一的夢想。每次翻看星座運勢，事業、財運、健康，她統統不在乎，倒是愛情的部分她會詳細閱讀，字字拆解那玄之又玄的語意。在愛情裡，她天真又浪漫。

專情的她，有個交往多年的會計師男友。

二十七歲時，她與男友訂婚了，接著她便毫不戀棧地放下如日中天的主播事業，提出離職，還霸氣地對主管說：「播來播去就這樣，我能播幾年？青春有幾年？只有傻妹才會天真地以為可以播一輩子。我要結婚了，我要跟我先生去美國進修，在那邊生小孩。我的夢想是當個好太太。我不播了。」

主管好言慰留未果，揚言封殺她，徹底和她撕破臉，說：「好，你有種就不要出現在新聞圈，大家山水有相逢！」

小珊只是聳聳肩，歪著頭並瞪著大眼回嗆：「我蔡小珊永遠、永遠、永遠都不會再回電視台。」

鐵了心甩門的聲音，替代了道別。

父母對於她的貿然離職非常不諒解，卻也拿她沒辦法。每當鄰居問起怎麼好久沒看到小珊播新聞，兩老也只能笑著說：「我女兒想早點結婚生小孩，怕年紀大了生不出來。他

們兩個人感情可好著，先成家比較要緊，播新聞以後再看看好了。」

發票揭穿的桃色祕密

離職後，小珊的生活好悠哉。有一天，她在未婚夫家裡打掃，看到一疊發票便順手拿起來要對獎，結果有幾張發票的消費地點讓她傻了眼——居然是汽車旅館、精品旅館、高級戀館，館館相連到天邊，花樣好多變！到底是多愛開房間啊?!

小珊手發抖，不敢置信地打電話給好姊妹，哭到上氣不接下氣地說：「天啊！我未婚夫常常去開房間，一起去的人不是我！發票上記載著他去的時間，我都正好在播新聞。我的播報班表原來是他開房間的時間表，太可笑了。我在Live播報，他只要打開電視機就知道我無法去抓姦，偷情得好安全、好安心，嗚嗚嗚嗚……」

小珊的心像是被鞭炮炸開，轟轟烈烈的情節，卻寧靜悲涼到哭也無聲。

兩人的未來沒了。她的婚結不下去，主播台也回不去，連出門都是壓力。親友、鄰居們關心婚期，或者好奇怎麼好久都沒見她播報，無論哪一個問題，都讓她淚水決堤，無力招架。爸爸媽媽也忍不住罵她：「一事無成，好好的主播不當，把自己搞成這樣。」

從小她就是爸媽的榮耀，他們放在床頭的照片裡，擔任高中儀隊隊長的她笑得好甜，如陽光燦爛。她也深信人生將如此順遂，誰想到會一夕之間崩潰！

房間裡面那一大罐裝滿搭訕紙條的玻璃瓶，愈看愈刺眼。「騙人！這些都是騙人的東西，嗚嗚嗚……」她歇斯底里地把玻璃瓶砸碎了。

愛情曾經是她的美夢，如今卻成了她不願回首的噩夢。

「人生如果能重來，我真想回到過去，阻止自己為愛丟辭呈的愚蠢。誰來讓我回到過去？我後悔了，我真的後悔了……」

在排山倒海的壓力下，小珊選擇到英國進修。在異鄉，她的臉再漂亮，也不會再被人指指點點。人生勝利指數好慘，零分。

新的人生大夢在成形

後來呢？如今的小珊在一家跨國企業上班，負責大中華區的行銷，事業很成功，年收入逼近三百萬。每年只有農曆過年這種大日子，我才能趁她有空檔，和她碰面聚會。

她還是相信愛情，只是不再認為那是她人生的全部。

神情幹練的她說：「我從小被稱讚漂亮，以為自己長得這麼正，什麼背叛、劈腿這種破事情，都不會出現在我身上。我太有自信了。就算再漂亮，也會輸給新鮮。」

那年分手後，未婚夫曾經哭求復合，但她不肯，未婚夫旋即無縫接軌交了新女友。最誇張的是，他竟然還跑來約小珊去開房間！

「狗改不了吃屎啊！我慶幸看清了他的真面目。那些發票是我的貴人，我現在覺得當年是中了頭獎，哈哈哈！」

哭哭啼啼的過往經時間沉澱、洗滌，翻身成了珍貴的禮物。

如今在工作中嶄露頭角的她，最大的體悟是：「這世界每天都在變，人心會變，感情會變，只有自己不會背叛自己。好好工作，擁有存款，就算失戀，也能在高檔餐廳哭泣，出國散心。療傷是有分檔次的，把自己的夢想寄託在別人身上，肯定會受委屈。」

評：一百分。

從花瓶蛻變為實力、外貌皆具的女人，美好的未來，靠自己擔保。現在的人生，她自

這世界每天都在變，人心會變，感情會變，只有自己不會背叛自己。

POINT 3

感情力

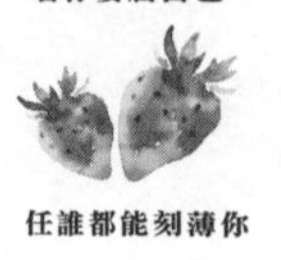

「分期付款」告白必殺技，輕鬆讓對方點頭答應

先約定交往三十天，浪漫又沒負擔。

「我傳訊息給她，她都會回我。我送吃的給她，她也都收下了。她還讓我送她回家。我覺得自己機會很大啊！為什麼這樣還搞不定？」

大偉和一個女孩曖昧多日，終於，對方開始願意跟他出去了。玩得開心之餘，大偉常試探地問：「你會不會覺得我們很適合啊？」「你對我的感覺怎麼樣啊？」但每當這時候，女孩不是裝沒聽到，就是低頭不語。

可是到了聖誕節，女孩又主動傳來祝福：「**聖誕節快樂！你今天要幹麼？**」大偉內心很焦急又很困惑，詢問我這個好友，他要怎麼做才可以闖關成功，脫離單身狗。

我挑明說大白話：「因為你很好用啊！你沒聽過『江湖在走，工具人要有』這句話嗎？」俗話說友直、友諒、友多聞，我的直球對決把大偉的玻璃心敲碎，他更慌了。「那我要怎麼辦？我還有勝算嗎？」

所謂病急亂投醫，這時候我如果告訴大偉吃土就會有女朋友，他應該也會去吧！但我還是本著好友的良心，告訴他：「有！因為她在聖誕節這種特殊節日還找你，代表還是在乎你的。」

聽我這麼講，他跑走的七魂回來了三魄，問：「有沒有方法啊？」

當然有，不然我寫這篇文章幹麼呢？以下是告白必殺技的說明書，請仔細閱讀。

分期付款告白法的四步驟

各位讀者，請回想一下，無論是保險或者直銷，要你買淨水器、簽保單，有哪一個業務員會問你：「買一個好不好？」

為什麼不用問句呢？因為用問句的話，對方會有一半的機率說不！所以除非你長得像金城武，或者胸有成竹、超有把握，不然，不要輕易用「你當我女友好不好？」這樣的告白方式，否則回家哭的機率高達五成。

用「分期付款告白法」，對女生無負擔又無壓力，經實驗證明，點頭機率高達八成。誰說的？就我說的啊！

．第一步，見面三分情

首先，跑到女生家或者約她出來。見面三分情。千萬不要用電話，也別透過傳訊息，直接面對面的威力才強大，誠意才破表。最好你開車衝到她家時，外面剛好在下大雨打雷閃電，風雨無阻更顯出你愛得多濃、多強烈，看到你的那瞬間，她就已經感動莫名。

．第二步，請這樣對她說：「你一定也對我有好感，不然不會和我出去。這樣好了，也許我是你命中最適合你的人。」

為什麼要這樣講呢？

「你一定對我有好感，不然你不會跟我出去。」這句話是勾起她關於和你出去的甜蜜記憶，以及提醒她不要說你都沒有示好或對你沒意思，大家是愛情的「共犯」。

接著第二句話要說：**「也許我是你命中最適合你的人。」**這裡賣的就是緣分註定的哏，類似賈寶玉名字裡有個玉，林黛玉名字裡也有個玉字，男女主角身上一定有很多共同點與巧合，這一定是緣分啊！用「命中註定」催眠她，讓浪漫增加點頭意願。

有個笑話說：怎樣最能追到女生呢？就是到月老廟拜拜時，看到喜歡的女生就鼓起勇氣上前對她說：「我剛剛博杯，月老叫我來搭訕你，說你跟我有緣分。」女生一來會覺得有趣，二來不敢得罪神明，三來覺得也許真是月老的安排，是神的旨意。衡量這三點，願意跟你換個LINE交個朋友的機率就很高。命中註定是很迷人的咒語，可以打開心門，直通愛情。

．第三步，**也就是最重要的一句：「我們打個戀愛契約，先約定好交往三十天看看，三十天就好，給彼此一個機會。」**

「戀愛契約」這四個字光聽就很像偶像劇的台詞。只約定交往三十天，好浪漫，好沒負擔。沒錯，這就是「分期付款告白法」。

如果你對一個人說，我要永遠和你在一起，對方會開始考量你的人品，你的家庭狀況

和你的收入，畢竟「永遠」二字太沉重了。但如果只要求三十天、二十天的交往，時間過得很快的，毫無負擔。

這道理很類似購物台給你的七天免費試用期，不滿意再退貨。購物台會使用這招一定有道理的，因為你會懶得退啊，覺得還可以就繼續用，不知不覺就超過七天，過了鑑賞期，你等於無形中就買單，購物台順利達成業績。

再舉一個例子：為什麼有很多家電廠商願意提供分期付款？因為要你一次拿出四萬元買一台冰箱，你會心痛，會猶豫、思考，仔細研究：這四萬元的CP值高嗎？但如果可以分十二期，每期只要拿出三千多元，買的意願就會拉高很多，因為門檻降低了。

人也是一樣的，**同意交往是最難、也是最重要的關卡，用最輕鬆的方式先突破這關，後面就容易了。**

‧第四步，最後的關鍵句是：「你願意就點頭。」

為什麼要用點頭就好呢？試想，**「講話」和「點頭」，哪一個容易？當然是點頭——免開口，免誤會，運用肢體語言好方便。**加上對方可能是個害羞的人，要說出好或者不好都比較困難。你先挖好了「點頭」這個坑，她很好跳入，成功率便大大提升。

戀愛如同購物，就是要讓對方肯埋單。看到這裡，相信你已經很明白了，快去找你心儀的另外一半告白吧！

大偉聽我的，後來用「分期付款告白法」成功追到了女孩，但兩人只交往一個月，就因為個性不合而分開了。

戀愛這回事啊，旁人只能助一臂之力，無法提供保固，因為愛情是從來沒有保證書的。師父領進門，修行看造化。

「永遠」二字太沉重了。

但如果只要求三十天、二十天的交往，時間過得很快的，毫無負擔。

戀愛這回事，

旁人只能助一臂之力，

無法提供保固，

因為愛情是從來沒有保證書的。

「東區複製人」女友再美豔，比不上樸實的陪伴

每次的分手帶來痛苦，卻也累積了下一次更接近成功的經驗值。

「你是台大的？好厲害。考上時，家裡有辦流水席感謝鄉親嗎？是不是從此走路有風？」這是我剛認識阿殿時傳給他的訊息。

而他在視窗的另外一頭打出：**「你知不知道台大一年有一萬多個學生耶！如果這樣就走路有風，台灣就可以靠台大學生風力發電了。」**

這就是阿殿的風格，幽默、反應快，舉一不只能反三，反八都沒問題。會認識他是因

為我上網貼文要出租房子，而他成了我的房客，雖然從此交上了朋友，但房租還是一毛都不能少。

阿殿的學歷攤出來頗驚人：台南一中、台大學士、台大碩士和台大博士。更威的是，他沒有考過聯考，是推甄上台大，直攻博士。

拿到博士學位後，他進了知名的科技大廠工作，最大的煩惱是「單身」。我很了解他的痛苦。他上班的科技廠內幾乎都是男性，就像我的同事們大部分是女人，而且是美人——在電視台工作，身邊不是美女記者就是正妹主播，個個都是「白長壽」，又白、又高、又瘦。

在這樣的工作環境下，同為單身的我們最常聊的話題是「如何脫團」（脫離單身）。

「**我等等要和我學長一起去開獎了，明天跟你回報戰情。**」他傳來的訊息閃耀著「喔耶」的興奮情緒。

「**加油啊！祝福你遇到林志玲！**」我半開玩笑地回他。

這樣的對話是我們的日常。

從經典酒店款到鄰家女孩型

阿殿長相斯文，身高一八五公分，學歷高，收入好，條件攤開怎麼看都是搶手貨。可惜啊，念理工科把一切都毀了。大學時，班上只有十個女生，在懸殊的比例下，系上的風氣就是大家一起聯誼求生，團結力量大，學長帶學弟，學弟揪學長，情與義值千金！

秉持著「有聯誼堪去直須去，莫待成魯蛇空悲泣」的精神，他常常在網路聯誼版上徵友，只要有女生願意出去一起看電影或者吃飯，就高高興興地去「開獎」。

他的擇偶標準很明確：濃妝豔抹一定要，胸大無腦就更好，愈像酒家女的女生，愈能打中他的心。他過往的女友要不是「東區複製人」，就是「醫學美女」，睫毛黏假的，鼻子用做的，雙眼皮去割的；冬天時，裙子穿得超短，衣服若能露胸，就絕對不會小氣地藏起來。他女友一出現，你只會想到一個地名——恆春。總之，他上網徵來的女友們，妝容都完整到像是日本歌手濱崎步。

「你女友如果卸了妝，會不會讓你認不出來？」我是個大白目，哪壺不開就一定提哪壺。

「人家都這麼認真地化妝了，卸妝後醜一點沒關係啦！我醒著的時候，她是漂亮的就好。」阿殿真誠地回答。

他與「東區複製人」女友們交往的過程都很轟轟烈烈，吵架的原因則都很雞毛蒜皮，例如：一起出遊時，遇上車況不好，阿殿猛踩煞車，讓「東區複製人」頭暈，晚餐時她就臭個臉，無論阿殿百般討好也討不到一個笑。還有一次是下雨時，阿殿為了撐傘而鬆開了兩人緊握的手，「東區複製人」女友就爆炸了，臉瞬間垮了下來。

以愛之名卻無限迴圈的爭吵把愛情耗盡了。這些大同小異的故事，差別只是人名。

時間過得很快，阿殿三十九歲了，我還以為他會一直單身。前陣子，他去參加校友會的活動，交到了女友阿珍，三十八歲，不是年輕辣妹，而且平常連妝都不化，還是素食主義者。第一次與他們兩人一起吃飯時，阿珍笑臉盈盈地不斷讚美阿殿，覺得他真是不可多得的男友，非常珍惜。

大家邊吃邊聊，氣氛熱鬧。我們拿阿殿過去的情史出來虧，阿珍也都帶著笑，大氣地說：「有這麼多人喜歡過阿殿啊！我真是撿到寶了。」

她的個性溫婉，吃飯時會幫大家盛飯，注意有沒有哪道菜還沒來，貼心地照顧大夥兒。我突然有個念頭：這次是真愛了！因為過往的經典酒店款，阿殿已經太熟了，這次來這種連他自己也感到意外，沒有人猜得到的品味，代表他終於成熟了，知道自己適合什麼。

聚餐後過了四個月，我看到臉書上出現這樣的訊息：「**阿殿與阿珍，打卡地點——戶政事務所**。」旁邊有一行字寫著：「**就是你們想的那樣**。」配上兩人開心的合照。底下湧入

了眾人的驚訝與祝福。

我問阿殿：「以前你和談了兩、三年戀愛的女友都沒結婚，為什麼這次感情這麼快就拍板定案了？」

他很平靜地說：「我累了。過去的女友美歸美，我們卻常常吵架，互相折磨。阿珍個性好，和她在一起，不用看臭臉的日子很輕鬆。找伴侶最重要的不是年輕貌美，而是要能聊得來，能平靜相處。」

不要害怕，勇敢地多談幾場戀愛

如今，阿殿的小孩一歲了。他的愛情故事讓我有個心得：過去，他以外表為第一選擇，這方式當然也沒錯，畢竟漂亮的東西誰不愛，但隨著幾次轟轟烈烈的戀愛過程都慘烈收場，他改變了選擇方式，符合以下這三點的才是他生命中那個「對的人」。

一、相處起來輕鬆不費力。

二、能一起平靜地過日子。

三、互相幫忙陪伴的人。

「愛我的人，我不愛；我愛的人，卻不愛我」，這不是繞口令，這就是戀愛的常態，也因此，「兩情相悅」才顯得如此珍貴與值得珍惜。

談一次戀愛就成功地走入婚姻，運氣好的成分占很多。大部分的人都是談了幾次戀愛，從分手與吵架的過程中，逐漸了解到自己最在乎什麼。所以，不要怕多談幾場戀愛。**每一次遇到的人，都會讓你更知道自己要什麼、不要什麼，你的地雷是什麼、死穴是什麼，還有感動點在哪兒。**這樣不是挺好的嗎？

儘管每次的分手造成了痛苦，卻也累積了下一次更接近成功的經驗值，是非常珍貴的學習。過程累一點沒關係，只要結果好，一切都值得了。

「愛我的人，我不愛；我愛的人，卻不愛我」，這不是繞口令，這就是戀愛的常態，也因此，「兩情相悅」才顯得如此珍貴與值得珍惜。

每個月給你五十萬，你敢不敢嫁豪門？

結婚不用大豪門，會尊重你的就是「大好門」。

「煩耶！我哪知道啊？知道我還會坐在這裡寫稿嗎？」小娟用力敲打鍵盤，像是跟鍵盤有不共戴天之仇，非得打死每一個字母似的，恨意滿點，讓人想一探究竟。坐在隔壁的奇奇率先發問：「怎麼了？」

「剛剛玲玲姊要我寫一篇怎樣才能嫁入豪門的報導，還要列舉在哪些地方才能遇到有錢的黃金單身漢。你說扯不扯？我如果知道就自己去巧遇小開了，還用得著在這邊寫稿喔。」

碎念歸碎念，小娟還是拿起電話打給頂級婚友社，希望專業的媒人婆可以幫她解答。

原來，今天有一則豪門新聞很熱門，電視台決定大規模報導，於是列出了四篇稿子搭配刊登：**「台灣還有哪些黃金單身漢？」「哪些女星嫁入了豪門？」「女生嫁入豪門的命相與八字。」「天涯何處遇小開？」**

這些都只是新聞配菜，大主菜是：**「女星嫁入豪門獨守空閨，老公月給五十萬，讓女星過著空虛寂寞冷的生活，教人不勝唏噓。」**

在這篇報導裡，什麼空虛、寂寞、冷的字眼，我都看不到，腦中迴盪的就只是：五十萬耶！好多喔！我每天上班再怎麼辛苦也沒有五十萬啊！

於是我多方詢問朋友們：「假如給你五十萬的生活費，但是要忍受丈夫天天不在家，這樣的日子，你們可以接受嗎？」朋友們回應如下：

「我可以。我媽說她也可以。」

「我未稅四十八萬就可以含『睡』。」

「五十萬還不用伺候老公很可以，好嗎？」

「總統月薪四十七萬多，五十萬比總統還多耶！」

「五十萬一點都不冷。能月領五十萬生活費，我整個人都在燒，好嗎？」

「年薪六百萬，還有司機、傭人和豪宅，這麼好的待遇哪裡找？」

答案總之是一面倒，大家都可以。唯一不行的是一名少女，她堅定地認為她要一百萬，原來不是不行，是價格未到。

能大聲說話，無價

要是每個月給你五十萬生活費，讓你嫁入豪門，你敢嫁嗎？玩鬧歸玩鬧，認真說來，其實我是不敢和這種背景的人結婚的，我相信可能有許多女性也不敢。

這種媲美中樂透的好事，為什麼會讓人想拒絕？因為那背後藏著許多價值觀的差異與磨合的痛苦。古時候講究門當戶對是有道理的，如果家境懸殊，嫁入豪門將面臨極大的文化衝擊、價值觀衝突與精神上的壓力等等。

首先，**這個「嫁」字就有玄機，其實在某種程度上含有「進了他們家的門，就隨著他們家過日子」的意義**。例如：一個從小吃路邊攤、喝啤酒長大，無拘無束的孩子，你要她瞬間變成習慣吃米其林美食、熟成牛排、品紅酒的上流人士，根本是要她重新投胎。那不是她習慣的生活方式，無論多好、多頂級、多炫耀，都藏著很多格格不入。

我有個好友小婉就是嫁入了豪門，即使平日在家，她也必須盛裝打扮才有禮貌，多累人啊！

家中有客人時更是不得了。用餐時，大位照家規是留給社會地位最高的人，餐桌上有清楚的尊卑，她的公公還會在大圓桌邊唱名，被點到的要立刻站起來。公公以標準的京片子，像金馬獎頒獎典禮的司儀介紹嘉賓似地，把小婉過去的學歷、工作仔細介紹，她站著從頭陪笑到尾，直到公公說完為止。萬一公公突然與客人聊開了，她就得在一旁罰站，直到忽然被想起。

小婉住在豪宅裡，卻過著很窮的日子，因為丈夫在自家公司上班，而存摺在婆婆手上，他們得向公公領生活費，公公則是向爺爺領生活費——家中能作主的是爺爺。而一如大家所知的，有錢人都很長壽，爺爺的身體很硬朗，一年活過一年，已經九十多歲了，他支配著家中一切的財務，家裡的所有開支都得實報實銷。小婉好多年都沒有買衣服了，因為爺爺不批准，覺得太浪費。

結婚後，小婉辭去了工作，自己沒收入，每個月只有八千元的買菜錢。全家外食不管想去吃什麼，她都會說好，公公提議說去吃一蘭拉麵，她絕對不敢說去吃二蘭或者三蘭，如此地溫順，老實說是因為沒錢可以付帳，只能跟著吃，哪敢還有太多意見。

至於回娘家這件事，是要經過報備、等待批核才能放行。婆婆還常擔心她偷拿東西回娘家。她苦笑說：「我自己都沒錢了，是要偷什麼？」豪門最大的壓力就是階級的打壓與輕視，那種觀念根深柢固，非常難解。

人啊，可以透過努力讓自己的階級翻身，但很難改變自己的出身，那是一種生活上的觀念，日常的習慣。當你自己能賺錢時，何苦為了攀富而去妥協、去委屈、去看臉色？人活著也不過一日三餐，能用多少，多了也不過是數字。得不到尊重與尊嚴，當然也沒有話語權。可以大聲說話，是無價的。

你的自由，為何要別人來給？

我有個當高中老師的女同學，參加登山活動認識了她先生，兩人都愛自然山林，超有話聊。丈夫的學歷和收入都差她一點，但她一點也不介意，喜孜孜地嫁了。

普通的婚紗、平價的喜宴，婚後，公婆對她很好，超開心兒子可以娶到一個老師，四處炫耀。她接連生了兩個小孩，公婆搶著幫忙帶孩子，還說希望孫子像媽媽一樣聰明又會念書。她一個月收入六萬多，上美容院做臉保養、買衣服或買包都不用報備，花得很自在。

有天深夜，她開車來接我去吃消夜，我讚揚著說：「你老公很好耶，讓你這麼自由可以出來跟朋友混，都不會管。」

她不解地看著我說：「**自由？我本來就很自由啊！我有條件自由，我又不靠他養。我的自由，為什麼要他給？**」

這話說得理直氣壯，也看出她在家中多有地位。

我的心得是：**女生只要自己能賺錢，真的不用嫁入豪門看臉色。一個會把你當寶、以你為榮、珍惜你，看得見你的好、給你自由的夫家，才是值得選擇的「大好門」。**

人活著也不過一日三餐，能用多少，多了也不過是數字。得不到尊重與尊嚴，當然也沒有話語權。可以大聲說話，是無價的。

牽手、擁抱統統有，為何就是不願意交往？

曖昧是個迴轉門，可以帶你走入愛情，也可能會讓你轉來轉去，瞎忙一場。

「沒到手的值一百分，到手的只值五十九分？」

訊息一開頭，阿翰便忿忿不平地這麼質疑。

阿翰是我的網友，正在為一段撞牆的愛情而煩惱，於是寫了一大篇訊息給我，想聽聽女生的意見。

剛萌芽的愛情，能健康成長嗎？

他的愛情正在萌芽，長得又高又快，對喜歡的對象小芳照三餐關心，從「記得吃飯」到「天氣變冷了要多穿衣」，每一句問候都是愛，鐵錚錚的男子漢，突然忸怩了起來。阿翰唯一的勝算是每次約小芳，她都會出來；挫折的是每次告白都失敗。

然而，令他糾結的是，小芳明明拒絕了他，卻又不時深情地擁抱他。這到底是玩哪招？

・第一關：前男友登場

阿翰這麼寫著：「**小芳的前男友正在挽回她，她目前不太想談戀愛。**」

面對前男友大魔王，阿翰奮力搏鬥，感情卻岌岌可危。更危險的是他還腹背受敵，頻頻被另一個超級大魔王扯後腿。

．第二關：小芳有暗戀的人

這才是真正的超級大魔王！

「最近她認識了一個男生，對那個男生有好感，對方卻對她愛理不理的。可惡！沒到手的都是寶，值一百分。我這個工具人就是五十九分嗎？不過好消息是她去告白被拒絕了。」看到這裡，以為苦戀男要逆轉勝了。

「我告白了兩次，芳芳都說我是很好的人，她很祝福我。」嗯，工具人的「好人卡」收集了滿滿一抽屜。

「機車的是，每次在我告白後，騎車送她回家，她都會抱住我。如果我都不約她，她又會主動傳訊息給我。」就因為這樣，阿翰怎樣都離不開她啊！

．第三關：小芳不愛姊弟戀

小芳曾經跟阿翰說她喜歡大叔型的男生，理想的對象是年紀大自己五歲。阿翰雖然人高馬大，但身分證上的年齡就是比小芳小了兩歲，除非重新投胎，而且還要阿翰先死，不然無法改變女大男小的情況。

阿翰感到困惑又委屈，非常不快樂，覺得自己根本是備胎。

最後一次告白失敗後，他夜夜看各種戀愛心理分析，慢慢療傷，想趕快振作，把小芳的臉書、LINE和手機號碼全刪了，想好好地斷個乾淨。

他問我：**「對一個人太好、有許多包容，最後是不是都不太會被珍惜？這是人性嗎？是不是在曖昧階段也要讓對方投入心力，而不是只有我一直在付出，才能讓對方覺得這段感情，她也有參與？我想知道一些我沒看見的盲點，我好想談一段開心的戀愛啊！」**

她只是不想和「你」談戀愛

阿翰的文字長長一大串，每字每句都在高聲吶喊：「救救我」、「為情所困」、「真心換絕情」、「我好苦」……一如新聞台的跑馬燈日夜不停輪播，不幫他指點迷津，真是過意不去。我乾脆寫了一封長信為他破解迷霧，希望這帖愛情解藥，他照三餐服用後能療傷止痛。

親愛的阿翰：

看到你寫了這麼長的訊息來問我感情困擾，所以我要用生命來回答你。

首先想要破解的是，小芳說她目前不太想談戀愛，但是後來又去找別人告白——你不覺得衝突性很高嗎？我向來認為言語是假的，行為上「做什麼」才是真的，所以從她去找別人告白來看，「不太想談戀愛」這句話翻譯出來是：「我不是不想談戀愛，我只是不想和你談戀愛。」

再來，每次你不理她後，過一陣子，她又會主動找你，這僅僅代表在那段期間，她沒有找到兩情相悅的人，在空虛、寂寞、冷之下，回頭看一下你，享受一下你對她的熱切、討好。這可以讓她自我感覺良好，證明自己還有行情。

突然給你的擁抱，是她維繫「雞肋們」持續愛她的手段。或許她是個愛情老手，擁抱、牽手對她來說都只是「舉手之勞」，是你用情過深，因而小鹿亂撞，道行真的是太淺了。你不是她的對手，就算交往也只是越級打怪，不會長久，翻成白話文就是：你罩不住她。

最後，無法接受姊弟戀的部分，更是藉口。年紀差距是拒絕別人的一道王牌，亮出之後讓人無法改善，順勢知難而退，如果真的愛上一個人，這些都不是問題。

俗話說：「愛到卡慘死」，當你真愛一個人的時候，怎會管年紀。愛情荷爾蒙的動力超過五百匹馬力，可以讓你連墓仔埔也敢去，僅僅小兩歲，根本不足掛齒。

至於你困惑：是不是因為你對她太好、付出太多，導致她不珍惜？是否你應該剛在曖昧時就讓她也付出？答案是：你真的想太多了！她不愛你，所以才會把你的付出當成應該，也不想給予合理的反饋，只想自私地享受你的好。她當然知道這樣下去，你會失衡、會暴走，甚至會離她而去，但她不怕，也不在乎你離開。說白了，她只想盡情地當公主，享受僕人的服務，有一天是一天；如果哪天沒有了，她也沒差。

愛情從來不是無條件地付出。一個人付出久了，沒有得到回饋，一定會像你一樣怨懟。說到底，我們付出了精神與行動上的愛，還是期待所愛的人也能回報我們。「我對你好，你也對我好」，這樣的關係才會長久。

曖昧是個迴轉門，可以帶你走入愛情，也可能會讓你轉來轉去，瞎忙一場。真正愛你的人不會讓曖昧期太久，也捨不得你受委屈，因為她會把你當成寶，怕你跑掉。你和她曖昧那麼久了，瞎忙一場的機率很高，所以，放掉她吧！感情上的備胎只會被拿來取暖，卻永遠上不了路。砍掉重練，一定比手上拿著號碼牌卻永遠等不到人叫你的號碼開心很多。

祝福你，早日從被選擇、被騎的驢，變成帥氣的白馬王子！

「我對你好，你也對我好」，這樣的關係才會長久。

「早安哥」照三餐傳貼圖撩妹，看似老實，其實不簡單

群發的問候一旦被發現了，便會落得感情人格破產，自然出局。

網路交友像是抽人形撲克牌，好運的遇到「金城武」，衰的人遇到「二百五」。翠珊坐在餐廳裡，等待愛情交友的手氣開盤，這種盛裝打扮赴約的次數多了，她覺得真累。

來了！一個身高看起來有一九〇公分的男孩憨憨地捧著一本書，封面寫著「**第一次就看懂機械圖**」。初次見面，不僅復古到爆炸，還很文青——今天牌運如何？尚可，七十分。

「我上次那個女朋友，大學畢業一去工作後就變了，打電話常常找不到她。我覺得不對勁，聽說她有個同事在追她，我很緊張，就對她說：『你等我考完機械研究所，我就帶你出去玩。』」男孩喝著咖啡，聊起過往戀情有點懊惱。不過女友雖然跑了，他的研究所倒是順利考上了。

翠珊瞪大了眼問：「你們的戀情快完蛋了，你還要她先等你考完研究所再挽救？這是誰幫你出的餿主意？」

男孩認真地說：「我自己啊！就差一、兩個月，為什麼不能等呢？」

拜託！一、兩個月，時間長到足以讓女友和新的追求者去環島兩圈還有剩，培養新戀情外加見父母都沒問題，還等你哩！**愛情失火了，你還在翻農民曆查哪天宜救火，根本是笨蛋。**

這些話，翠珊沒說，畢竟是第一次見面，她如迅猛龍般直白的個性還是要藏一下。內心的白眼翻了五圈後，她非常有禮貌地說出：「辛苦你了，真不容易啊！」

句點。這次的見面和未來的所有可能，都畫下了句點。

老實的「早安哥」，原來有個「早安少女隊」

從那一次見面後，男孩每天傳訊息問候翠珊：早上六點收到早安貼圖，中午十二點收

到佛經長輩圖，晚上八點收到晚安貼圖。

「早安、佛經、晚安」，如此規律地循環出現，猶如助念。翠珊幫男孩取了個代號，叫做「早安哥」。

在某次聚餐中，翠珊聊起了「早安哥」的事蹟。

小佩說：「理工科男生都這樣啦！我也遇過很多『早安哥』，他們不知道要跟你聊什麼，又想吸引你的注意，只好用早安貼圖刷存在感，讓自己在你的訊息朋友名單中常常置頂。笨歸笨，不過好像都比較專情。」

翠珊歪著頭，不解地問：「理工科男生都這樣嗎？不懂怎樣跟女生相處，還以為丟早安和佛經貼圖就可以增加好感度？這是哪招？」

清大畢業的老張搖搖手說：「沒有喔！你看我們這群理工宅都不會這樣啊！這是個人問題。不過，翠珊，你最近脾氣變好了不少。」

「有嗎？為什麼？」翠珊認真回問。

老張笑笑說：「因為你最近每天都在看佛經，法喜充滿啊！整個人氣質都不同了。」

對於「早安哥」，翠珊是同情的。大家的年紀都不小了，還在情場征戰，靠不了岸，基於同是天涯淪落人的疼惜下，翠珊把老實的「早安哥」介紹給好姊妹小婉。

兩人聊得怎樣，翠珊沒過問，但「早安哥」的早安貼圖三部曲依舊每天出現在她的訊息對話框。

對於一大早六點收到早安貼圖，翠珊有點惱火，這年頭的上班族誰會這樣早起？她傳訊請「早安哥」不要再丟早安貼圖了，至於收佛經、晚安貼圖，OK的。

然而，早安問候僅停止一天，之後還是早上六點早安，中午十二點佛經，晚上八點晚安；隔天，早上六點早安，中午十二點佛經，晚上八點晚安；接著，早上六點早安，中午十二點佛經，晚上八點晚安……翠珊驚覺不對勁，懷疑「早安哥」莫非是每天都固定發送貼圖給很多女孩們，因此無法客製化？難道自己在不知不覺中加入了他的「早安少女隊」？這個看似老實的男孩，其實不簡單？

翠珊急敲小婉，查對彼此的通訊紀錄，這才發現「早安哥」是發一樣的貼圖給她們，連每天報告行蹤的對話都一字不差，而且不管你有沒有回覆，他統統複製貼上給你，**一如撒了一把魚飼料丟給錦鯉，管你黑的、白的或花的，一律公平，卻沒有心。**

對於被抓包，「早安哥」挺坦然的，他解釋這是日常問候，所以才會每天同時發給十幾個人，且行之有年。

被揭穿後，「早安哥」消失了。

談感情與求職，其實滿像的

一段感情在還沒有確定下來之前，人人都有交朋友的權利。但麻煩的是，每個人也都希望被專一對待，因此群發的問候一旦被發現了，便會落得感情人格破產，自然出局。

我常覺得談感情與求職其實還滿像的。每家公司都希望求職者能用客製化的履歷，展現對這份職缺的熱情與誠意。罐頭履歷很難給人深刻的印象。

多投履歷沒有不對，不過，略略刪改以展現誠意才有被錄取的機會。多觀察幾個女生也沒有不對，可是像「早安哥」一次十多個，讓自己好忙，卻頻頻露出馬腳，最後落得一場空，根本是白搭。**感情抉擇要快、狠、準，下好了離手，才有機會勝出。**

「早安哥」的早安少女群組應該還在網路世界中活躍。如果你在網路世界恰巧遇見了「早安哥」，請幫翠珊提醒他：六點道早安，真的太早了！

一段感情在還沒有確定下來之前，人人都有交朋友的權利。但麻煩的是，每個人也都希望被專一對待。

找真愛有三寶：摩托車、出租套房和吃到飽

豪華名車會讓你難辨識對方愛的是你的人，還是你的錢。

小萍沒有男友，有前夫；目前沒有懷孕，但她的生育功能正常，和前夫生的兩個小孩是證明。

阿凱是什麼時候知道這些的？交往三個月以後。未滿三個月的愛情著床不穩，戀人還無法言明過去，待感情一扎根，小萍立刻向阿凱熱映「大驚奇」，果然讓他驚訝得說不出話來。

這段戀曲後來又維持了三個月才說拜拜。阿凱約我吃西餐，說是為了紀念他的短命戀

情。餐點上桌，只見他切牛排的手有點用力，就像前女友小萍把他的心當成牛排肉一樣地用力劃開，切割得整整齊齊的。**要割人心，免拿刀子，用謊言就夠銳利了。**

阿凱有太多委屈想講了，一塊牛排還沒吞下去，就先來一個大爆點。

「在一起之後，我才知道她結過婚。這就算了。」

對啊！**誰沒有過去？何必跟過去過不去。**

「她之前說和前夫偶爾才聯絡，結果根本是常常聯絡！為了孩子，他們經常一起出遊，她還每個星期都去住前夫家，我超不爽的。」

他被朋友嘲笑綠帽子戴到比一〇一還高，心情很悶。這場愛情儼然是場修行，阿彌陀佛。

男人心計，敵不過女人心機

阿凱回想起來，在交往過程中，其實處處可見女人心機。

兩人初識是因為阿凱打算買房子。小萍是房屋銷售小姐，他去看房，挺滿意的，當場便請爸媽也去看。一見到兩老，小萍的態度從冷淡變得熱情不已，雀躍地對阿凱說：「我超喜歡你爸媽的，好想也喊他們爸媽喔！」阿凱很孝順，聽到這話笑得開懷。

我滿是不解地問：「小萍是孤兒嗎？為什麼會四處認爸媽？」突然我靈光乍現，「阿凱，你當天開什麼車？」

「賓士啊！」

「你有寫下家裡的地址嗎？」我追問。

「有，她要我爸媽寫客戶資料。」

賓果！台北市信義區的門牌是種無須聲張便自然高調的炫耀。

我說：「她一定有上網去查你家那區在哪裡。」

「對耶，我們交往一個禮拜後，她就說要去我家。」

狠角色，檢視財力以眼見為憑。「那後來怎麼會分手？」

「錢！她出門不帶錢，買衣服、吃飯、出去玩，都是我埋單。三萬、五萬起跳的，交往久了，我有點受不了。加上她頻頻以做慈善的理由向我爸媽募款，一開口就是一、兩百萬，我們沒給，她就鬧，指責我爸媽沒愛心。

「這些我本來都還可以忍，後來她改口要找我家人一起投資房地產，開公司。我覺得好累，怎麼會一場戀愛談下來，到最後都是錢、錢、錢。」

阿凱的事情讓我想起一個學弟，年紀輕輕的就當上了公司的「業績王」。平常，他騎

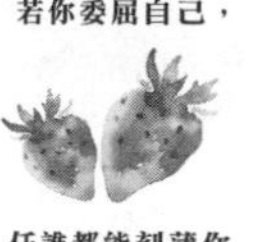

摩托車跑客戶，但是到了週末去夜店玩耍時，一定開著ＢＭＷ、戴名錶，他得意地說這是把妹的兩大利器。

學弟後來交了個模特兒女友，得意地四處炫耀。交往一段時間以後，女友一下子說「爸媽要開刀」，一下子說「哥哥生意失敗，需要幫忙」，常向他借錢，還跟他強調，等兩人結婚後都是一家人，不要分彼此。

沒想到結婚夢還沒實現，有一天，學弟接到了警察的電話，才知道原來他的公主私底下在接客賣淫，他只是分母，不是唯一。

驅除愛錢的女鬼，「找真愛三寶」是良方

阿凱和學弟都很想找到真愛，招來的卻都是愛錢的女鬼。這讓我有個感觸：豪華名車會讓你的愛情增添不少複雜的因素，讓你很難辨識對方愛上的到底是你的人，還是你的錢。

一輛名車不僅能討好愛錢的女鬼，也能讓女鬼的家人一起愛上你，因為不僅她缺錢，他們全家也都缺錢。女鬼會因此對你說愛你，她全家也都會對你友善得不得了。他們還沒看到你的人品，就先聞到了錢的味道，愛情的純度降到零。

我把學弟的故事講給阿凱聽，他感觸不少。最後，我勸告「高、富、帥」的阿凱下次和女生交往，請使用「找真愛三寶」——哪三寶呢？

・第一寶：摩托車

見面時，請騎摩托車，對她說：「摩托車好停車，通風又涼爽，根本是窮人的敞篷車啊！」如果這樣她都ＯＫ，代表她能陪你吃苦，也懂你的幽默。

假如你覺得要女生接受你騎摩托車太難，最多就買輛國民車代步，若她坐在車上能和你開心談笑不放空，則人品合格。

・第二寶：出租套房

家裡的豪宅又不會長腳跑掉，何必急著秀。女生想看你家，就帶她去看出租套房，等交往久了，再帶她去你家的豪宅。

你擔心她會氣你騙她？不會啦！從出租套房變豪宅，她會說：「我愛的本來就是你的人，這沒影響。」

不過呢，如果是從豪宅變套房，有很多女生是會生氣的。她會說：「我不是在乎錢，而是你不誠實，我沒辦法和騙子交往。」

．第三寶：吃到飽餐廳

三九九、四九九餐廳是你們約會的聖地，真愛的試煉場。若即使在燈光不美、氣氛不佳的地方，女生也能與你談心談得喜孜孜，把你的言談當成最佳調味料，這絕對是百分百的好女孩。

所以，千萬不要一開始就帶去五星級飯店、私廚料理或米其林餐廳，這些地方的料理好吃歸好吃，卻無法幫助你辨識真愛。

普通、平價的餐廳是愛情的照妖鏡，女鬼會一一現形。

請相信我，當你使用「找真愛三寶」後，還願意與你交往、跟你過尋常日子的女生，一定是好對象。倘若你家道中落、事業衰敗，甚至千金散盡，她也能與你共苦，不會棄你而去。

這三寶，說穿了就是「裝窮」，是驅除愛錢女鬼的良方，請多加利用。

當你使用「找真愛三寶」後，
還願意與你交往、
跟你過尋常日子的女生，
一定是好對象。

女主播逃婚的體悟：「愛不持久，恨能永遠套牢。」

你最需要斷捨離的不是你的房間，而是扭曲變形的愛情。

婚宴是攜手一生的起點？

那可不一定！

也可以是彼此由愛轉恨，恨到骨子裡的轉折點——從此錯身，老死不往來。

喜宴開始，新娘不來了

「到底幾點才要開桌啊！」賓客不耐煩，桌上的瓜子都快嗑完了。

「喜帖寫準中午十二點開席，都搞到下午一點才開吃。」肚子餓把喜氣都沖淡了。吃飯皇帝大，飯菜不來，賓客的談話愈說愈有氣無力，深怕多用力，就更餓了。要沖淡民不聊生的飢餓感，非得來個大驚奇，最好是下巴嚇到必須扶一下才能喬回來的等級，而這場婚宴辦到了。

遲遲不開桌的原因讓大家都不餓了，因為太獵奇。這場婚宴的大彩蛋是——「新娘不會到」！

「新娘說她不來了。」婚禮接待阿賢跑到大學同學這桌，神神祕祕地說著，

「蛤！不會來？是怎麼了，發生什麼意外了嗎？」

「新娘不來？找不到人？那婚還結不結？」

這些話像是病毒，一桌接著一桌窸窸窣窣，LINE一秒千里地往婚宴場外傳播消息。氣氛騷動讓同桌的賓客突然有了話題，熱鬧非凡，空氣中瀰漫著一種獵奇的等待。

新郎阿隆來了。體面的名牌西裝，黑亮亮的皮鞋，衣著隆重，透露出他準備這場婚禮有多認真。他走上了舞台，大家屏息，那種安靜很像是把氣球吹鼓，到了極限，再多吹一口氣就要爆破般的緊張與興奮。太難得了，不管包過多少禮金，也不見得遇得上一場「沒有新娘的婚禮」，參加這一次，可以八卦一輩子。

好戲上場，新郎開口致詞了。「很高興大家特別前來，新娘不會到，今天不收禮金，就當來聚餐，一起熱鬧，謝謝。」

免錢的最爽！歡呼聲、掌聲，把隔壁廳那場有新娘的婚禮徹底比了下去。

這場沒有新娘的婚禮成為一個奇談，在親友間傳播恆久遠。收到帖子但當天沒到場的人，事後聽轉述都覺得好遺憾，就像手上有張中了獎的彩券卻放到過期一樣，令人扼腕。

經過這件事之後，阿隆對結婚有了陰影，許多看八卦的人也為他打抱不平。「『落跑新娘』小卉怎麼幹出這麼傷人的事情啊！不想結婚可以明講，幹麼把大家的路都走絕了。」

「落跑新娘」的家暴陰影

「我也想結婚啊，不然我幹麼這麼累去拍婚紗。我會跑掉一定也是有苦衷的，很苦的大苦衷。」

小卉的內心有一個黑洞，這個黑洞是阿隆「打」出來的。她為了維護阿隆的面子，對外從來不說自己常常被打到身上黑青。

就在舉行婚禮的前一天，阿隆再度毆打了她——這一打，粉碎了小卉認為他婚後會改變的希望！一想到要是結了婚，未來自己將會持續被當成沙包練拳，小卉的雙腳突然有了力氣快跑。

丟臉是一時的，但繼續隱忍而在婚後被當成沙包打，卻是一輩子的事。

逃婚六年後，小卉當上了主播。某天，我找她出來喝下午茶，我們在閒聊這些陳年往事時，鄰座的人都忍不住對漂亮又知性的她多瞄兩眼。

「他打了我三年多，常常咒罵我，還說我能遇到他是天大的福氣。我腦袋一定是被打到有洞，覺得他說得很有道理，捨不得分手，怕遇不到更好的。」小卉喝著飲料，臉上還有不少憤怒。**傷痛要靠時間療癒，卻總有些深層的傷口，每次提到都令人咬牙切齒。**「他常常在搞曖昧，一堆乾妹妹，還招待乾妹妹和他媽媽同遊日本，乾妹妹也叫他媽媽一聲『媽』。你說扯不扯？」

這樣都能交往三年，為什麼？

「他很罩，大台北地區一堆有頭有臉的人都是他朋友，人脈強大到可以出來選立委，

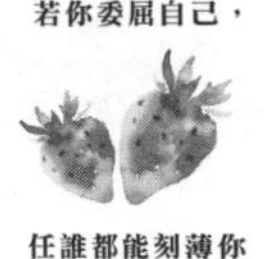

海派又大方，女生會以為自己遇到了男子漢。你看，他連喜宴紅包都不收了，多霸氣！而且他多會做人，把危機化為聚餐聯誼，比公關公司還專業。

「我知道阿隆不可能這輩子只愛我一個。那時一想到婚禮，我就很猶豫。最後一次被打的那個晚上，我一整晚沒睡，腦中浮現每次被打時的恐懼。他出手時沒有把我當人看，驗傷單我有好多喔，還要再累積下去嗎？既然我都不要這段感情了，那我要報復。於是我想到，不出席婚禮的話，他會恨我一輩子，也會記住我一輩子。」

原來要套牢一個人，用愛不一定穩固。施以巨大的傷痛才能夠深刻，才可以「天長地久」。

我問小卉，「那阿隆應該很想找人去斷你手腳吧？」

「錯！他是個小霸王，從小沒有要不到的東西，所以我跑了，他反而追過來。後來，他一直來道歉、認錯，但我不接受，因為一接受，我就死定了，新仇加上舊恨，過一陣子一定會被打得更慘。他的道歉只是出於不甘心、不想認輸而已，我才沒這麼笨。」

改變不難，難的是怕改變

假如小卉當年沒逃開，現在不可能悠閒地跟我喝下午茶，而應該是在某家醫院請醫師開第N張驗傷單吧。**人生一瞬間的勇敢，可能讓命運翻轉。**

改變不難，難的是怕改變。

許多時候，女方不提分手，不是覺得這段戀情有多好，而往往只是捨不得或者不甘心，因為自己多少的青春和心力都投入了，便期待男友突然被雷打到，發現自己有多好，多值得珍惜。但這根本是神話！

你最需要斷捨離的不是你的房間，而是扭曲變形的愛情。**一直走著同樣的道路，怎麼可能會有不同的結局。**

阿隆後來還是當上了名人，家暴的習慣沒有改變。有一次，他因家暴鬧上了新聞，小卉播到這則新聞時，特別字正腔圓，希望把最正確的消息傳遞給觀眾，也算是替自己討回一點正義。

要套牢一個人，用愛不一定穩固。施以巨大的傷痛才能深刻，才能天長地久。

分手後，你就是「最熟悉的陌生人」

多年後再回頭看，你會慶幸自己命大，沒有跟他在一起，過著將就的人生。

「你在幹麼？」……「沒。」

「要記得吃午餐喔！」……「嗯。」

「盡量不要加班。」……「喔。」

「是怎樣啦？LINE上我秒回，你居然給我輪迴。」小玉忿忿不平地想著。受夠了嗯、嗯嗯、喔、喔喔的單字卡，她發洩似地也回了一個貼圖，終結這一回合。

要不是結婚消息都對外說了，面子掛不住，小玉是忍不下這口氣的，公主病的火山岩漿咕嚕嚕地冒泡，無法爆炸最痛苦。男友阿彬到底哪根筋不對？是故意激怒我，逼我主動說分手嗎？**男人才是心機鬼。**

都怪自己的嘴比大嘴鳥還大，把甜蜜消息當總統元旦文告依樣宣布，結婚傳千里，之前一聲聲的「恭喜」很悅耳，現在卻尷尬斃了！她連婚紗都訂了，還向主管預告了婚期，滿心期待著一場盛大的婚禮，阿彬卻突然反悔不結了。

前天，他更一反之前的龜縮，跟天借膽似地提出分手。不管小玉怎麼哭、怎麼問，他都只說：「沒感覺了。」

小玉的職業是記者，老早就規劃好要三十而婚，三十二歲生娃。現在告訴她三十歲結不了婚，她錯愕到快昏了。

你要更好，但不是為了討好前男友

分手後，阿彬更冷了，LINE訊息已讀不回，狂發無聲卡，封殺放大絕，過往的滿腔濃

情成了句點。小玉討好著、委屈著，阿彬卻始終敷衍以對，雙方漸行漸遠。

分手，單方可決定，卻使被告知的那方傻眼，像個沉溺在兒童樂園中的孩子，玩著旋轉木馬，歡呼聲剛喊到一半——突然音樂停了、燈光暗了，她還坐在木馬上，走也不是，不走也不是，真窘，真怒。

「再不結婚，我就老了耶！我們談了三年的戀愛，我得到什麼？他根本在耽誤我的青春。不要結婚就早說啊！分手的理由會不會太扯了？『沒感覺』。沒感覺這種病，吃什麼東西可以醫治？」

小玉對阿彬提分手的理由忿忿難平。愛情夢碎了，怒火燒不停，連話也說得不好聽，只剩滿腔的怨言。「我一定要讓他後悔！等我當上主播後，他只能每天在電視機前面看我播新聞，哼！哼！哼！我要他知道，錯過了我，他再也遇不到更好的。」說話的氣魄超勵志的。

分手後過了半年，在經歷過一連串的試鏡之後，小玉真的如願當上了電視新聞的假日主播，平日還是四處跑新聞，逢假日時則有機會上主播台。

第一次播報的那天，她在臉書上傳了定裝照，寫著：「**圓夢的一天，大家要收看喔！**」並且標註了許多朋友，當然也有前男友阿彬——畢竟這一切的努力就是為了揚眉吐氣，等著負心漢回頭哭哭啼啼。

新聞播報完了，她檢視一下手機，沒有未接來電，沒有未讀的訊息，而臉書上，前男友連來按讚都沒有！

長久的期盼落空，強大的寂寞感湧入，小玉頂著大濃妝便哭了起來，抽抽噎噎地打電話給我，說：「為什麼？為什麼阿彬沒有回來找我？我都當上主播了耶！」

不在乎的，最大

在受了情傷後，我們可能都像小玉一樣，以為只要自己做了什麼努力，就能扭轉命運，讓前男友後悔。我們努力減肥變瘦，把臉蛋整形變美，想讓對方驚豔；在工作上奮鬥到頂尖，期待像電影所演的那樣成為閃閃發光的女主角，讓昔日那個沒有眼光的渾球只能躲在人群中、電視機前，對你仰望，心痛而亡。

但是，我要很殘酷地告訴你：**這個機率很小，很小，因為他關注的眼光早就不在你身上了。**

分手後，你成了「最熟悉的陌生人」。陌生人穿金戴銀或者跌個狗吃屎，任誰都無感！

電影《失戀33天》中，有一段是這樣的：女主角黃小仙要去參加同學的喜宴，聽到前男友會帶新女友來，焦急地想把自己打扮到完美。好朋友王小賤潑了冷水說：「讓我一針見血地告訴你，無論你明天穿什麼，他都不會在意的，就算你喝醉失態脫個精光，拿著大衣裹住你的也不會是他。」

即使你穿得再新、再美，對他而言，也不過是個舊人。

把自己提升到更好的層次是對的，然而，不是為了懲罰他或者等他後悔，而是為了找到更適合你的人，甚至更高檔次的人。做人要往前看。

我有個朋友是知名的主持人，分手多年後，突然接到前男友打電話來敘舊，她聊沒兩句就裝忙掛掉。

「你沒有勝利感嗎？」我問她。

她回說：「這種電話一定是一時的心血來潮，搞不好人家小孩都五個了，我幹麼和他瞎攪和。大家人鬼殊途，不用相見，也不用懷念。」

看到沒？這才是勝利的姿態。不在乎的，最大。

別人如何論斷，很多時候來自你的態度

至於對方耽誤了你的青春這種話，也別說了。青春從來就是留不住的。你就算沒跟他在一起，也不可能把青春放入冷凍庫，封存在十八歲。

是你自己決定和他一起走一段歲月，共創一段回憶，這樣就夠了。**你愈是回頭計算付出的與失去的，也就愈沒勇氣往前走。**

人生也沒有誰規定幾歲該怎樣的。限制自己幾歲要結婚，只會逼死自己。別用舊觀念綁架自己、弄傷自己。慢慢找、好好挑，尋覓到可以開心一輩子的人，比在什麼時間點走入婚姻的墳墓來得重要。

更何況，這年頭「凍卵」正流行，科技延長了生育年齡，你的真愛，當然也能慢慢找。

任何事情只要你覺得好，就是好。別人口中的論斷，很多時候都來自你的態度：如果你分手後能開趴慶祝，大家也會跟著大喊恭喜；相反地，如果你結婚後每天都哭哭啼啼，大家也會覺得你住在人間地獄。

任何事情都無絕對，重要的是你自己的一顆心如何詮釋。邁開腳步往前走，一回頭會發現當年覺得的遺憾、不捨都好傻、好天真，會慶幸自己命大，沒有跟他在一起，過著將就的人生。

你一個人住？要學會這五招自保術

就算有伴侶，這樣的事也可能發生在你身上。

瞎，不是嬉鬧時說「你好瞎」的瞎——我是真的瞎了。

那是一種將因此失去一切的恐懼：工作將無法繼續；失業如果是短暫的，誰都能挺住，若長期則會成為家人的負擔。久病床前無孝子，親情有時禁不起疾病來磨，我深諳人性，一陣鼻酸，覺得愧對父母……

一切都是意外。意外來臨時腳步輕柔如貓，無法察覺，一回神，已經深陷泥淖，進退不得。單身且獨居的我，一直以為只要理財規劃做得好，將來的老年生活就不會有問題，直到發生了一件事，差點把我的信念擊潰。

我什麼都看不到了！

故事的開始是一早在家裡，戴著隱形眼鏡的我突然發現視力變得好模糊，世界變成了一片光影。我趕緊去住家附近的眼科診所掛號，走在路上時，發現怎麼每個人看起來都像經過自動柔焦，散發著無限光暈。

「你的角膜破損了很多。怎麼會這麼嚴重？都破皮了。」眼科醫師邊檢查邊驚嘆，最後開了藥給我，叮嚀著：「要記得回診。」

光圈、光影的世界，什麼都不清楚。但那時還沒感覺到痛楚，我因而輕忽了角膜破損的情況到底會有多嚴重，拿了藥便回家，繼續完成寫到一半的稿子。

到了下午三點，眼睛突然刺痛到睜不開，眼前的所有物體都變成了抽象畫，失去了清楚的邊線。我憑著腦海中關於街道的記憶，終於走到了十字路口。太痛了！而且我愈來愈看不見，眼淚因眼睛酸痛而大量流出。

有一輛警車停下來等紅綠燈——我的救星！我衝上快車道，一手按著眼睛，一手拍打車窗。窗子降了下來。

「我的眼睛好痛好痛，救救我！拜託載我到萬芳醫院好嗎？」我驚慌地說著。

但警察沒有開車門，只說：「我幫你打一一九。」

一一九！我痛到沒辦法等了。警察不救我，我只能靠自己，便衝向停在警車後方的計程車，拍打車窗，重複剛剛的呼救。

計程車大哥比了比後方，說：「我有客人。」

綠燈亮了，警車和計程車都走了。

此刻，無助大於絕望。我轉向一旁的摩托車騎士，向他哭求：「求求你救救我，載我到萬芳醫院！」他搖搖手，漠然看著前方。

我又轉向下一個機車騎士，總算，他讓我上車。他賣力騎得飛快，我看不到路，風呼呼而過，我緊抓住他的衣服，那是唯一的依靠。

如果這是綜藝節目的人性大挑戰實境秀，一個雙眼看不見的人在馬路上求助卻連連遭到拒絕，戲劇張力已經十足了。沒想到，精采的還在後頭。

眼盲的我，孤立無援

我被送到了一家眼科診所，摩托車騎士趕著上班，留下我一人，此時，掛號這麼簡單的事情突然有了極高的難度。

雙眼看不見的我站在櫃檯前，問：「我的眼睛很痛，請問等等可以讓我先看嗎？」回應我的卻是一陣沉默。

我急促地接著說：「拜託你，我的眼睛真的很痛。請問醫師什麼時候來？」

「四點，醫師從四點開始看。你的健保卡。」那是掛號小姐冷靜的聲音。

健保卡？沒問題，我有。我從包包裡摸出了皮夾，打開皮夾送了出去，說：「在這裡。」沒有人回應，也沒有人取走健保卡，只聽見掛號小姐冷冷地問：「你不能自己拿嗎？」

「我看不到，可以請你幫我一下嗎？」我按壓著疼痛的雙眼回話。

掛號小姐拿走了我的健保卡，不耐煩地問：「你沒有親戚朋友嗎？」

我急切地說：「我有！我有！我有！這是我的手機，我看不到，可以幫我打電話嗎？」手機懸在我手上很久，終於還是被拿走了。電話接通的那一刻，我所有的堅強都瓦解並潰堤了，我悲切地對著手機嘶吼著：「小莉，我需要你！快來救我！我的眼睛好痛好

痛，我什麼都看不到……」

在等待朋友來救援的過程中，醫師幫我開了轉診單，有人扶著我到櫃檯結帳，這是我進來這家診所後，唯一有人扶我的時刻。在此之前，人人都對我視而不見，我只能扶著牆壁，用手去觸摸、尋找椅子，讓自己安身其上，無助地哭泣。

就診須自付五十元給診所，我拿出錢包，摸了一張鈔票便遞出，想要結帳。

但掛號小姐說：「這張太大張了！」

對一個看不見的人這麼講，我也只能接受，再抽出一張鈔票，問她：「請問這張可以嗎？」

「ＯＫ。」她拿走了鈔票。

感謝神，她接受了。

一個人的失明日子

朋友趕來了，帶我去轉診掛急診。論起照顧盲人，沒人有經驗，所以她又找來兩個朋友幫忙，才穩住了狀況。醫師替我的眼睛上了兩次麻藥，檢查後確診是角膜潰瘍與受損，癒合的前三天會很痛。

好友們很夠義氣，離開醫院後，有人扶我上輪椅，送我回家；有人幫忙採買我未來過日子需要的食物。

算起來，我的眼睛全盲了整整四天，每天，我都得靠朋友送便當、送水才能度日。白天？黑夜？對我來說沒有了差別，都只成了黑的漸層，深黑、淺黑、亮黑、墨黑，我的世界一如墨水潑進水裡，黑色如煙縷縷向下沉澱滑落，勾勒出漂亮的弧度，融為一體，變成全黑。

當向陽的客廳黑得像臥房一樣時，我便知道是夜晚；而垃圾車的音樂聲是唯一的時鐘，晚上八點了。我每天的生活是：摸著牆壁到浴室洗澡；梳洗後，摸著找到桌上的麵包吃掉；點眼藥水，睡覺到有人送餐來，那是當天唯一一頓熱食，非常珍貴。

我對來送餐的朋友說：「我當時想如果我失明了，也只能樂觀地接受，去學按摩為生。」朋友大聲回說：「你念書是念到哪了？雙眼失明，要學也是學算命才賺得多啊！會算命，人人都搶著要扶你，求你洩漏天機，更不敢冷眼待你。」

我啃著麵包，笑了出來。

眼睛打了兩次麻藥後稍稍不痛時，我問前來救我的三個朋友說：「我今天這情況是不是因為單身？如果像你們結婚了，是不是就不會發生？」

三個已婚的人異口同聲說：「不、一、定。」

我笑了，看來婚姻這保障也是有其脆弱之處，可能要找個性格上有情、有義、有責任感的人結婚，才會比較妥當。單身有辛苦的地方，但如果有另外一半，卻在生病時不來照顧，那心情想必會更淒涼。

單身者，你要學會的保命自救法

眼睛可以看到光線後，我終於看見了治療我的眼科醫師。天啊！救命恩人是個大美女。走出醫院時，我跟朋友說：「她長這樣漂亮，又會念書，是在給我們這些人難看嗎？」身體一健康，練瘋話的幽默感就回來了，能有心情講笑話真好，能健康上班真好。

眼睛順利復元，「病發一次，警惕終生」，我想以這一回的緊急發病親身經歷，與大家分享幾個單身者的保命自救法。

一、台灣的人情是溫暖的，但前提是你不能看起來太糟

醫療人球或路倒沒人救的情況，不是只發生在街友身上。我在大街上求助時，儘管衣著光鮮，大家卻還是退避三舍；等著看診時，連扶我坐在椅子上候診都沒有人願意。為什麼呢？不怪別人，只怪我神情太痛楚地在呼喊救命。

人性啊！小善、小忙是很願意做的，但是一想到可能會為了一個陌生人而惹上麻煩，大家會怕啊！若那天是我在路上遇到了陌生人要去醫院的請託，我也很難說肯不肯協助。所以，如果是自己遇上了得在路邊求救的緊急時刻，記得要力持淡然，不慌張，才比較有人願意幫你。

二、別只依賴智慧型手機，你要能背出三組求救電話

遇上危急時刻，萬一手機掉了，你要能背出三組求救的電話號碼請別人幫你打。

像我這次的經驗，眼睛實在太痛了，加上因為畏光而張不開，就算手機在身邊，自己也沒能力撥出電話，所以要記下三組親朋好友的電話，才能找到人來救你。

三、如果是住大樓，請善待你的大樓管理員

如果住的是有管理員的樓房，當狀況緊急卻求助無門時，第一時間能衝到你家的也許就是大樓管理員。後來那段時期，我無法獨自出門去複診，就是請大樓管理員幫我打電話找朋友協助。善待他們就是善待自己，等於替自己多找了一個幫手。

四、獨居的你不要太逞強

單身的人很習慣什麼都靠自己，什麼都自己來。其實有時候不妨適度地向外求援，請親朋好友們幫助，他們通常是樂意的。何況這樣一來，也能降低生活上的危險性。

如果我能早點對外求救，就不會面臨半失明地在馬路上遭拒的驚險，以及在診所備感無助的情況，身、心、靈所受的折磨也會少一些。

五、「共居」時代真的來臨了

現在的時代，大齡不婚的情況愈來愈普遍，與好朋友們「共居」可能不是到了六、

七十歲才要考慮的事情。

既然同樣都是單身，能和姊妹淘或者哥兒們一起住、互有照應，不但是趨勢，也是求生自保之道。**人哪，不怕獨居身亡多日無人知，怕的是好好活著，卻沒人理睬。**往生後，什麼感覺也沒有了，但是在一息尚存時，有個伴能幫你買飯、倒水給你喝，是無比溫暖的大事。

在我痛不欲生時，腦中飄過的念頭是：無論一個人的職位多高、財力多雄厚、才華多洋溢，生病時，這些統統都不重要了。在那當下，你只會想要有個人可以陪在身旁，幫你拿健保卡，幫你掛急診。

仔細想想，你身邊有沒有這樣一個人呢？**如果有，記得平時多感謝她／他，好好地維繫這段值得珍惜的緣分。**

與好朋友們「共居」的生活方式，你可能從現在就要開始考慮了。

好好愛自己，才會有人愛你

人是自私的動物，照顧好自己，不要給別人添麻煩，別人才會愛你。

迴轉壽司店裡，輸送帶上不間斷地送上新的料理，雪兒拿了幾盤自己愛吃的，突然頓悟地說：「我現在的情況跟吃迴轉壽司好像喔！我爸媽就是這條輸送帶，不斷送新的男生到我面前，催我快點拿下一道最美味的吃進嘴裡，結帳埋單，結婚去。」

這段感想讓我笑了，好貼切的形容。

雪兒從沒想到從維也納學音樂回國後，迎接她的是一場又一場的相親飯。她的音樂事業還在起步，但家人覺得這沒關係，讓女兒學音樂多年，為的不是在音樂領域揚名立萬，而是要栽培她具備嫁到好人家的氣質與優雅。

雪兒才二十六歲，人生正如春花開得燦爛，家人卻憂心地聞到冬日枯萎的氣味。落差的季節，失序的節奏，爸媽聲聲叮嚀，擔心女兒的青春過了這村沒了那店，認為早點結婚、生小孩，將來就早輕鬆。

一場又一場的相親飯，讓雪兒感覺到自己的靈魂正在縮水。平常教學生彈琴時，還可以優游在巴哈、莫札特等世界名曲之中；一下課，自己人生的主旋律卻只剩下〈結婚進行曲〉重複放送。

姊妹們都結婚了，就剩下你……

會認識雪兒，正是因為兩、三年前有一次當紅娘幫朋友牽線的緣分，後來我們就定期吃飯聯絡感情。這幾年來，雪兒接到了好幾個姊妹淘的喜帖，她發現了一個現象，感嘆地說：「朋友結婚後，我們的聯絡就少了。」

我告訴她，這是常態。

「年紀愈來愈大，朋友並不像你以為的會愈來愈多，而是愈來愈少。每當你包一份禮金出去，在紅封袋上真心實意地寫上天作之合、早生貴子之類的祝福，其實是在為你們的友誼『送終』。因為朋友婚後，尤其是有了小孩之後，再也不可能跟你玩了。就算偶爾有想要玩耍的時候，他們人生中首選的玩伴就是身邊的那個人和孩子了……」

說出這話時，我想起家裡有一個抽屜放滿了朋友的喜帖，帖子上註記著我的禮金金額，從數字多寡可看出友情的濃度。

我接著說出自己多年來的體悟。「這些女性朋友什麼時候會再出現呢？就是發生夫妻吵架、丈夫外遇、婆媳不和、家用經濟出問題、買房付錢糾紛等狀況時，那時候，你會是她們打電話傾吐的首選，因為她的其他已婚女性朋友聽她訴苦到一半，就得去餵奶或者陪小孩寫功課。只有單身的你，時間多到花不完，可以安安靜靜地專心陪伴她走過煎熬的時光。」

我話說得輕柔，隱藏在溫和語氣下，卻是單身族身處的真實情境。

對已婚的人來說，家庭是首位，是生活中的頭條，在心力和時間都有限的情況下，光忙家人日常的瑣碎事情，比如小孩病了、婆婆看醫師、先生的公司員工旅遊等等，就足以讓人筋疲力盡。**你昔日的朋友不是不想理你，是她自己也自顧不暇。**家裡的雜事多如牛毛，只有在家庭出狀況，情緒需要出口時，她才會從記憶裡的保鮮盒取出你這位昔日的閨密，以淚水的燒燙溫度加溫友情，在傾訴心情中，拉近彼此的距離。

不管結婚或單身，都有自己的難題要解決

雪兒聽得懂我的意思，但**「聽懂」和「走過」是截然不同的心境，人生的路，有時候非得自己走一遭。**她仍舊很開心地說：「沒關係啊！我也可以慢慢找我的另一半。」

「當然可以。但是在我吃過了那麼多回介紹飯、參加過那麼多場聯誼後，我的心得是：年輕時，大家的外貌、體型都保持得挺好的。等你年紀大了，男生『禿頭』和『胖』是兩大主流；不過，你嫌棄人家，人家或許也覺得你的腰圍太寬、臉皮太鬆，以及可能不會生。只要你接受這樣的市道情況，當然可以慢慢找。」

每個大叔都曾經又帥又瘦，每個歐巴桑都曾經腰瘦、臉正，然而，在膠原蛋白比土石流流失得更快，新陳代謝比烏龜走路還慢時，迷人的外表就走樣了。

相親市場是殘酷的人肉市場，假如第一眼不來電，即使你再有內涵，對方也不想了解。

聽我這麼分析，雪兒鍥而不捨地說：「我看你過得挺好的啊。我可是把你當偶像耶！」

我說：「我是過得很開心沒錯，但在到達現在這個階段之前，我可是熬過了社會壓力、孤單、寂寞等諸多的情緒輪迴。我不覺得經歷這些不好，只是捨不得你吃苦。」

雪兒問：「那你那些結了婚的朋友們都開心嗎？」

我笑了起來，說：「八成以上都有怨言，抱怨著**婚姻很像在打怪，才剛打完這個關卡，馬上又有下一個關卡出現，在一邊抱怨之中，一邊把婚姻生活過下去**。尤其當兩人走到冰點時，還會期待有場外遇，有些已婚當太太的朋友甚至說，這場婚姻只是讓她交男友時，有了被捉姦的可能。」

結婚成家，也戴上了一個枷，有苦有甜。生活絕對不可能日日春，卻可能關關難過，還得力拚關關過。

我所揭露的婚姻生活既殘酷又真實，雪兒驚呆了，想了一會兒才終於開口說：「那我還是先好好拚事業算了。」

我告訴她：「也可以啊！總之，不用怕人生的風雨，有風有雨的才是人生。不管結婚或者單身，都有自己的難題要解決，只是單身者往往只要控制好自己就好。結婚後，另外一半常常是不受控的，但出包時可得一起承擔，好處則是結婚符合了社會的期待。」

雪兒忍不住疑惑地問：「我的家人都會逼我快點結婚。你家人不會逼你嗎？」

「從來沒有逼過呀！我媽媽還常常說她很羨慕我，說像我這樣可以自己賺錢，不用伸手向別人要錢、看人臉色，真的很好。」家家有本難念的經，我家倒是跳過了「逼婚」這本經文，給了我自由自在、隨喜圓滿的空間。

雪兒點點頭，沒開口，似乎陷入了沉思。

三個字送給你：「愛自己」

我像是要給她一點結語，也像是再次提醒自己：「不管你選擇單身或者婚姻，記得一件事情：人是自私的動物，照顧好自己，不要給別人添麻煩，別人才會愛你。當你成為別人的負擔時，就算他不嫌棄你，他的家人也會有很多意見。好好愛自己，才會有人愛你。」

這一段話，我是對著雪兒說，也是告訴正看著這本書的你。

好好愛自己，才會有人愛你。

不用怕人生的風雨，有風有雨的才是人生。

國家圖書館預行編目資料

若你委屈自己，任誰都能刻薄你——小資世代突破盲腸的30個人生亮點／黃大米著.　--初版.
--臺北市：寶瓶文化，2018.3,
面；　公分.　--(Vision；156)
ISBN 978-986-406-114-3(平裝)
1.職場成功法 2.生活指導
494.35　　　107002617

Vision 156

若你委屈自己，任誰都能刻薄你
── 小資世代突破盲腸的30個人生亮點

作者／黃大米
企劃編輯／丁慧瑋

發行人／張寶琴
社長兼總編輯／朱亞君
副總編輯／張純玲
資深編輯／丁慧瑋　編輯／林婕伃
美術主編／林慧雯
校對／丁慧瑋・陳佩伶・劉素芬・黃大米
營銷部主任／林歆婕　業務專員／林裕翔　企劃專員／李祉萱
財務／莊玉萍
出版者／寶瓶文化事業股份有限公司
地址／台北市110信義區基隆路一段180號8樓
電話／(02)27494988　傳真／(02)27495072
郵政劃撥／19446403　寶瓶文化事業股份有限公司
印刷廠／世和印製企業有限公司
總經銷／大和書報圖書股份有限公司　電話／(02)89902588
地址／新北市新莊區五工五路2號　傳真／(02)22997900
E-mail／aquarius@udngroup.com

法律顧問／理律法律事務所陳長文律師、蔣大中律師
如有破損或裝訂錯誤，請寄回本公司更換
著作完成日期／二〇一七年十二月
初版一刷日期／二〇一八年三月九日
初版二十刷+日期／二〇二二年十月三日
ISBN／978-986-406-114-3
定價／二九〇元

愛書人卡

感謝您熱心的為我們填寫，
對您的意見，我們會認真的加以參考，
希望寶瓶文化推出的每一本書，都能得到您的肯定與永遠的支持。

系列：Vision 156　**書名：若你委屈自己，任誰都能刻薄你——小資世代突破盲腸的30個人生亮點**

1.姓名：＿＿＿＿＿＿＿＿　性別：□男　□女

2.生日：＿＿年＿＿月＿＿日

3.教育程度：□大學以上　□大學　□專科　□高中、高職　□高中職以下

4.職業：＿＿＿＿＿＿＿

5.聯絡地址：＿＿＿＿＿＿＿＿＿＿＿＿＿＿＿＿＿＿

聯絡電話：＿＿＿＿＿＿＿＿　手機：＿＿＿＿＿＿＿＿

6.E-mail信箱：＿＿＿＿＿＿＿＿＿＿＿＿＿＿

□同意　□不同意　免費獲得寶瓶文化叢書訊息

7.購買日期：＿＿年＿＿月＿＿日

8.您得知本書的管道：□報紙／雜誌　□電視／電台　□親友介紹　□逛書店　□網路　□傳單／海報　□廣告　□其他

9.您在哪裡買到本書：□書店，店名＿＿＿＿＿＿　□劃撥　□現場活動　□贈書

□網路購書，網站名稱：＿＿＿＿＿＿　□其他＿＿＿＿＿＿

10.對本書的建議：（請填代號　1.滿意　2.尚可　3.再改進，請提供意見）

內容：＿＿＿＿＿＿＿＿＿＿＿＿

封面：＿＿＿＿＿＿＿＿＿＿＿＿

編排：＿＿＿＿＿＿＿＿＿＿＿＿

其他：＿＿＿＿＿＿＿＿＿＿＿＿

綜合意見：＿＿＿＿＿＿＿＿＿＿＿＿＿＿＿＿＿＿＿＿＿＿＿＿

11.希望我們未來出版哪一類的書籍：＿＿＿＿＿＿＿＿＿＿＿＿＿＿＿＿

讓文字與書寫的聲音大鳴大放

寶瓶文化事業股份有限公司

（請沿此虛線剪下）

廣 告 回 函
北區郵政管理局登記
證北台字15345號
免貼郵票

寶瓶文化事業股份有限公司 收

110台北市信義區基隆路一段180號8樓
8F,180 KEELUNG RD.,SEC.1,
TAIPEI.(110)TAIWAN R.O.C.

（請沿虛線對折後寄回，或傳真至02-27495072。謝謝）